Heidelberger Taschenbücher Band 22

K. Marguerre

Technische Mechanik

Dritter Teil: Kinetik

Mit 201 Figuren

Springer-Verlag Berlin Heidelberg New York 1968

Dr.-Ing. K. MARGUERRE
Professor an der Technischen Hochschule Darmstadt

ISBN-13:978-3-540-04173-3 e-ISBN-13:978-3-642-80551-6
DOI: 10.1007/978-3-642-80551-6

Alle Rechte vorbehalten
Kein Teil dieses Buches darf ohne schriftliche Genehmigung des Springer-Verlages übersetzt
oder in irgendeiner Form vervielfältigt werden
© by Springer-Verlag Berlin · Heidelberg 1968.
Library of Congress Catalog Card Number 67-15617
2060/3020-54321

Vorwort

Mit dem dritten Bändchen, der Kinetik des festen Körpers, schließen wir die „Technische Mechanik" — zum mindesten vorläufig — ab. Zwar sieht in Darmstadt der Studienplan die Statik und Kinetik der flüssigen Körper als TM IV vor, aber nicht in allen technischen Fakultäten und mit einer geringen Stundenzahl — die Festkörpermechanik gilt als die „eigentliche" Technische Mechanik.

Wie in den beiden anderen Bändchen hat sich der Verfasser bemüht, die tragenden Gedanken herauszuarbeiten. Als Ordnungsprinzip bot sich die Bewegungsart an: A, B Punktbewegung auf der Geraden und in der Ebene, D, E Körperbewegung um eine feste Achse und in der Ebene. Da die Drehung des Körpers um seinen Schwerpunkt als eine „Relativ"-Bewegung gedeutet werden kann, schien es sinnvoll, die Gesetze der Relativbewegung in einem Abschnitt C zwischen die Hauptkapitel zu schalten.

Wie die ersten Bändchen enthält auch dieses einen zusätzlichen Abschnitt: diesmal eine Einführung in die Theorie der linearen Schwingungen, die von der Bewegungsart her zu Kapitel A gehören, dieses Kapitel aber ungebührlich hätten anschwellen lassen. Da die Schwingungen andererseits in einem Mechanikbuch unserer Tage nicht fehlen dürfen, schien der „Anhang" ein vernünftiger Ausweg.

Wieder haben die Assistenten des Lehrstuhls wesentlichen Anteil am Zustandekommen der Buchfassung gehabt. Von den im Vorwort zu TM I schon erwähnten Herren hat diesmal Herr Dipl.-Ing. HORST WÖLFEL die Hauptlast getragen. Ihm sowohl wie dem Springer-Verlag, der in großzügiger Weise auf alle Wünsche eingegangen ist, danke ich für die mannigfaltige Hilfe.

Darmstadt, im März 1968

K. MARGUERRE

Inhaltsverzeichnis

Einleitung 1

A. Gradlinige Bewegung des Massenpunktes 2
   § 1. Kinematik der gradlinigen Bewegung 2
   § 2. Der Kräftesatz (das Newtonsche Gesetz) 10
   § 3. Freie Schwingungen des Feder-Masse-Systems 16
   § 4. Erste Umformung des Kräftesatzes: Trägheitskraft 21
   § 5. Zweite Umformung des Kräftesatzes: Impuls 24
   § 6. Dritte Umformung des Kräftesatzes: Energie 26
   Aufgaben zu A 33

B. Krummlinige Bewegung des Massenpunktes 41
   § 7. Kinematik der krummlinigen Bewegung 41
   § 8. Kräfte- und Momentensatz 49
   § 9. Die drei Umformungen: Trägheitskraft, Impuls, Energie . . 55
   Aufgaben zu B 60

C. Relativbewegung 64
   § 10. Translation des Bezugssystems 64
   § 11. Rotation des Bezugssystems 66
   Aufgaben zu C 70

D. Drehung des starren Körpers um eine feste Achse 73
   § 12. Kinematik der Rotationsbewegung, Momentensatz 73
   § 13. Zwei Beispiele zum Momentensatz 76
   § 14. Drehschwingungen 78
   § 15. Die drei Umformungen: Trägheitsdrehkraft, Drehimpuls, Drehenergie 83
   § 16. Der nicht-scheibenförmige Körper; ein Auswuchtbeispiel . . 87
   Aufgaben zu D 92

E. Ebene Bewegung des starren Körpers 98

§ 17. Kinematik der Körperbewegung in der Ebene 98
§ 18. Kräfte- und Momentensatz; zwei Rollbeispiele 102
§ 19. Kräfte- und Momentensatz; der gleitende Stab, das Pendel mit beweglicher Aufhängung 107
§ 20. Die drei Umformungen: Trägheitskraft, Impuls, Energie .. 111
§ 21. Der nicht-zentrische Stoß 114
Aufgaben zu E 121

Anhang I: Der Punkthaufen 127

§ 22. Kräfte-, Momenten- und Arbeitssatz 127

Anhang II: Schwingungen 132

§ 23. Ein Freiheitsgrad: Freie ungedämpfte Schwingungen ... 132
§ 24. Ein Freiheitsgrad: Freie gedämpfte Schwingungen 139
§ 25. Ein Freiheitsgrad: Erzwungene Schwingungen 142
§ 26. Zwei Freiheitsgrade: Freie ungedämpfte Schwingungen ... 146
Aufgaben zu Anhang II 152

Sachverzeichnis 156

Berichtigung zu Band III

- S. 7, Zeile 6 von oben lies (1.5 a) statt (1.4 a)
- S. 33, Zeile 4 von oben lies [$\approx$ 1 hp] statt [$\sim$ 1 hp]
- S. 36, Aufgabe 8 c) lies $x_2(t_2)$ statt $x_2 t(_2)$
- S. 65, Fig. 10/2 und 10/3 lies $m\,\mathfrak{b}_f$, $m\,\mathfrak{b}_{\text{rel}}$ statt $\mathfrak{b}_f$, $\mathfrak{b}_{\text{rel}}$
- S. 88, Gleichungsnummer lies (16.2) statt (1.62)
- S. 90, Gl. (16.7') lies $G\,\dfrac{a}{2}\sin\alpha$ statt $G\,\dfrac{1}{2}\sin\alpha$
- S. 116, Abschnitt b) lies Nicht-zentrischer Stoß statt Schiefer Stoß
- S. 118, Gleichung nach (21.6) lies $\dfrac{1}{2}\,\widehat{m}_2\,\omega_2^2$ statt $\dfrac{1}{2}\,m_2\,\omega_2^2$
- S. 120, Zeile 12 von unten lies (21.7... statt (27.7...

Berichtigung zu Band I

- S. 44, Aufg. 4 lies $S = G\,\dfrac{\cos\alpha}{\sin\beta}$ statt $S = G\cot\alpha$
- S. 61, Aufg. 8, statt der krummen Zahlen lies
  $$S_1 = -10{,}0\text{ Mp},\quad S_2 = +12{,}0\text{ Mp}$$
  $$S_3 = +\ 2{,}0\text{ Mp},\quad S_4 = -\ 2\sqrt{5}\text{ Mp}$$
- S. 93, Aufg. 7 lies $y = 4h\left[\dfrac{3}{2}\left(\dfrac{x}{l}\right)^2 - \left(\dfrac{x}{l}\right)^3\right]$

  $H = \dfrac{1}{12}\,\dfrac{q_0\,l^2}{h}$

  statt $y = 4h\left[3\left(\dfrac{x}{l}\right)^2 - 4\left(\dfrac{x}{l}\right)^3\right]$

  $H = \dfrac{1}{24}\,\dfrac{q_0\,l^2}{h}$

- S. 112, Aufg. 11 lies (Exzentrizitäten a_1, a_2)

  statt (Exzentrizitäten a, b)

  lies ($G_1 a_1 \leqq 4\,G_2 a_2$) statt ($G_1 a_1 < 4\,G_2 a_2$)

  lies $\Delta\Pi \geqq 0\ \substack{\text{stabil}\\\text{indifferent}}$ ($G_1 a_1 \leqq 4\,G_2 a_2$)

  statt $\Delta\Pi > 0$ stabil (wenn existent).

Einleitung

TM III, *Kinetik* oder *Dynamik* genannt, ist die eigentliche Mechanik, die „Lehre von den Kräften und den Bewegungen" (nach KIRCHHOFFS Definition). Die Statik, die Lehre von den Kräften, bereitet die Kinetik vor; Kinetik ohne Statik wird leicht ein Formalismus zur Berechnung von Bewegungen, die aber, wie die Verformungen in der Elastostatik, oft nur Hilfsfunktionen haben: für den Ingenieur sind auch im bewegten Gebilde primär die Kräfte wichtig.

Außer durch die Statik bedarf die Kinetik einer zweiten Vorbereitung: durch die Kinematik. Von den drei Grundgrößen Zeit (T), Länge (L) und Kraft (K) kommen in der Statik L und K vor, in der Kinematik L und T, in der Kinetik alle drei:

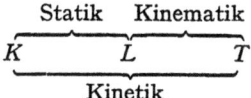

Statik ist Geometrie der Kräfte, Kinematik Geometrie der Bewegungen; die Kinetik, deren Grundgleichung — das NEWTONsche Gesetz — eine physikalische (d. h. nur durch Messung bestimmbare) Stoffkonstante enthält, führt beide zusammen. Trotzdem geht unsere Darstellung nicht den naheliegenden Weg, die Kinematik, wie die Statik, vorweg abzuhandeln, und zur Kinetik generell erst überzugehen, nachdem beide Unterbereiche abgesteckt sind. Der Grund ist der, daß die Kinematik, da sie nicht von den Kräften handelt, für sich technisch nicht so bedeutsam ist wie die Statik. Die Kinematik wird daher als „Zubringer" behandelt, d. h. jeweils nur so weit, als sie für das betreffende Kinetikkapitel gebraucht wird. Solcher Kapitel werden es vier sein: die geradlinige, die krummlinige Bewegung des Massenpunktes, die Rotation des starren Körpers um eine feste Achse, und schließlich, als die Kombination der zweiten und dritten Bewegungsart, die Bewegung des starren Körpers *in der Ebene*. Die räumliche Körperbewegung (Kreiseltheorie u. ä.) ebenso wie die sog. analytischen Methoden der Mechanik (LAGRANGE, HAMILTON) können wir im Rahmen dieser Einführung nicht erörtern.

Zahl der Freiheitsgrade. Ein *Massenpunkt* ist ein starres Gebilde, dessen Punkte sich parallel zueinander bewegen, oder dessen Drehungen ohne Bedeutung sind, z. B. weil seine Abmessungen klein sind gegen die Abmessungen der Bahn. Ein solcher „Punkt" hat, wenn er sich frei bewegen kann, drei Freiheitsgrade, denn seine Lage wird festgelegt durch drei Bestimmungsstücke

$$x = x(t), \quad y = y(t), \quad z = z(t),$$

zwischen denen keine Bindungsgleichungen bestehen.

Ist der Massenpunkt genötigt, auf einer Fläche (z. B. einer Ebene) zu bleiben, so besteht zwischen den drei Bestimmungsstücken eine Bindung $z = z(x, y)$ (z. B. $z = 0$), und die Zahl der Freiheitsgrade ist zwei. Ist für die Bewegung des Massenpunktes eine Kurve vorgeschrieben, oder wie man auch sagt, wird der Punkt auf einer Kurve „geführt", so bestehen zwischen x, y, z zwei Bindungen: der Punkt hat einen Freiheitsgrad der Bewegung (eine Angabe, z. B. die der Bogenlänge $s = s(t)$, genügt zur Kennzeichnung des Ortes).

Sind die Bewegungen des starren Gebildes derart, daß auch die Drehungen betrachtet werden müssen, so hat man es mit einem starren *Körper* zu tun. Ein Körper hat im Raum 6 Freiheitsgrade (3 Verschiebungen, 3 Drehungen), in der Ebene 3 (2 Verschiebungen, 1 Drehung).

Für manche Überlegungen ist es zweckmäßig, sich den Körper als einen „Punkthaufen" vorzustellen. Drei starr miteinander verbundene Massenpunkte A, B, C sind schon ein „Körper", denn die Zahl der Freiheitsgrade dieses Gebildes beträgt, da 3 Abstandsbedingungen vom Typ $(x_B - x_A)^2 + (y_B - y_A)^2 + (z_B - z_A)^2 = l_{BA}^2$ erfüllt sein müssen, im Raum $3 \cdot 3 - 3 = 6$, in der Ebene $3 \cdot 2 - 3 = 3$. Zwei durch eine starre Stange verbundene Massenpunkte sind wohl in der Ebene nicht aber im Raum ein „Körper": Da *eine* Abstandsbedingung besteht, ist die Zahl der Freiheitsgrade

im Raum $2 \cdot 3 - 1 = 5$, in der Ebene $2 \cdot 2 - 1 = 3$.

A. Gradlinige Bewegung des Massenpunktes

§ 1. Kinematik der gradlinigen Bewegung

a) Geschwindigkeit und Beschleunigung. Die Bewegung eines Punktes auf einer Geraden können wir beschreiben, indem wir an jeder Stelle x des Weges den Zeitpunkt t markieren, zu dem der Punkt diese Stelle erreicht (Fahrplan, Fig. 1/1a). Wesentlich übersichtlicher ist die Darstellung der Funktion $x(t)$ in dem Weg-Zeit-Diagramm Fig. 1/1b, das uns eine unmittelbare Anschauung des Geschwindigkeitszustandes vermittelt.

§ 1. Kinematik der gradlinigen Bewegung

Was ist Geschwindigkeit? Zunächst definieren wir — als die allein meßbare Größe — die mittlere Geschwindigkeit

$$v_m = \frac{\text{zurückgelegter Weg}}{\text{benötigte Zeit}} = \frac{\Delta x}{\Delta t}.$$

Machen wir nun Δt kleiner und kleiner, so erhalten wir in der Grenze $\Delta t \to 0$ die Momentangeschwindigkeit (kurz „Geschwindigkeit") zur Zeit t

$$v(t) = \frac{dx}{dt} \equiv \dot{x}. \tag{1.1a}$$

Die Geschwindigkeit ist der Differentialquotient des Weges nach der Zeit; wir kennzeichnen die Differentiation durch den (von NEWTON stammenden) darübergesetzten Punkt.

Geometrisch ist dx/dt der Grenzwert des Tangens des Sekantenwinkels $\bar{\alpha}$ für $\Delta t \to 0$, also der Tangens des Neigungswinkels α der Tangente (Fig. 1/2). Daß die Tangentenneigung unmittelbar die Geschwindigkeit anzeigt, ist der Hauptvorteil des Weg-Zeit-Diagramms gegenüber der Darstellung durch Zeitmarken auf der Weglinie.

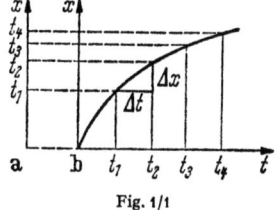

Fig. 1/1

Zeichnen wir (anhand von Fig. 1/1 b) v als Funktion der Zeit auf, so ergibt sich Fig. 1/3. Wegen $\Delta x = v_m \Delta \tau$ (wir schreiben τ statt t

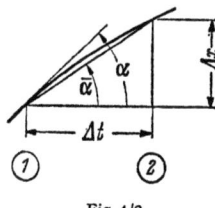

Fig. 1/2

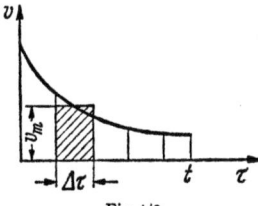

Fig. 1/3

aus einem sofort ersichtlichen Grunde) läßt sich Δx deuten als der Flächeninhalt einer Rechteckfläche von der Höhe v_m und der Länge $\Delta \tau$. In der Grenze $\Delta \tau \to 0$ wird aus dieser Flächenformel die Umkehrformel von (1.1a)

$$dx = v(\tau) d\tau,$$

und die Summierung — in der Grenze Integration — liefert, wenn wir die Integrationskonstante mit x_0 bezeichnen,

$$x(t) - x_0 = \int_0^t v(\tau) d\tau. \tag{1.1b}$$

Der Weg $x(t)$, gezählt von x_0 aus, ist also das Zeitintegral über die Geschwindigkeit v; geometrisch gedeutet: die Fläche unter der v-Kurve zwischen 0 und t. Im Sonderfall $v = $ const (aber nur dann!) wird aus der Integralformel die elementare Aussage:

Weg = Geschwindigkeit × Zeit

$$x - x_0 = v t \quad (v = \text{const}). \tag{1.1'}$$

Da der Buchstabe t die für den Integrationsprozeß feste obere Grenze kennzeichnet [erst nach Ausführung der Integration wird t als Veränderliche betrachtet: $x = x(t)$], müssen wir für die Integrationsveränderliche zwischen 0 und t einen anderen Buchstaben, τ, benutzen.

Genauso wie die Geschwindigkeit v aus dem Weg x, erhält man die Beschleunigung b aus der Geschwindigkeit v

$$b = \frac{dv}{dt} \equiv \dot{v}. \tag{1.2}$$

Die Beschleunigung ist die zweite Ableitung des Weges nach der Zeit

$$b = \frac{d}{dt}(\dot{x}) \equiv \ddot{x}. \tag{1.2'}$$

Höhere Zeitableitungen braucht man in der Mechanik nicht.

b) Integration der Gleichung $\ddot{x} = b$. Die Gleichung

$$\ddot{x} = b, \quad \text{mit} \quad \left.\begin{matrix} x = x_0 \\ \dot{x} = v_0 \end{matrix}\right\} \quad \text{für} \quad t = 0$$

ist eine Differentialgleichung mit ihren Anfangsbedingungen zur Bestimmung des Weges, wenn die Beschleunigung gegeben ist, d. h. — wegen des NEWTONschen Gesetzes (§ 2) — wenn die Kraft gegeben ist. Die Integration dieser Gleichung läuft mathematisch verschieden, je nachdem, von welcher der Größen t, x, v die Beschleunigung abhängt.

Wir wollen 3 Fälle betrachten, in denen sich die Lösung auf die Ausführung einer Integration, auf eine sog. Quadratur zurückführen läßt:

$\alpha)\ b = b(t), \quad \beta)\ b = b(v), \quad \gamma)\ b = b(x)$.

$\alpha)\ b = b(t)$. Wenn die Beschleunigung als Funktion der Zeit gegeben ist, erfordert die Bestimmung von x zwei gewöhnliche Quadraturen:

$$v(t) = v_0 + \int_0^t b(\tau)\, d\tau, \tag{1.3a}$$

$$x(t) = x_0 + \int_0^t v(\tau)\, d\tau; \tag{1.3b}$$

Anfangsgeschwindigkeit v_0 und Anfangsweg x_0 sind die Integrationskonstanten.

§ 1. Kinematik der gradlinigen Bewegung

Wir wollen der Doppelintegration (1.3 a/b) eine Gestalt geben, die sich in vielen Zweigen der Physik als nützlich erweist. Wendet man auf das Integral in (1.3 b) Teilintegration an:

$$\int_0^t v(\tau)\, d\tau = [v\,\tau]_0^t - \int_0^t \tau\, \dot v(\tau)\, d\tau,$$

so wird mit (1.3 a)

$$x(t) = x_0 + \left(v_0 + \int_0^t b(\tau)\, d\tau\right) t - \int_0^t \tau\, b(\tau)\, d\tau,$$

da im ausintegrierten Teil die untere Grenze ($\tau = 0$) wegfällt. Zieht man die beiden Integrale über $d\tau$ zusammen, so wird daraus:

$$x(t) = x_0 + v_0\, t + \int_0^t (t - \tau)\, b(\tau)\, d\tau. \tag{1.3*}$$

Diese Formel läßt sich mit Hilfe von Fig. 1/4 ohne Rechenformalismus unmittelbar deuten. Den Flächeninhalt unter der $v(\tau)$-Kurve kann man statt durch vertikale Rechtecke $v\, \Delta \tau$ auch durch die schraffierten horizontalen Rechtecke annähern; $v_0\, t$ ist das unterste Rechteck, und jeder Sprung Δv_i liefert einen Beitrag $\Delta v_i (t - \tau_i)$, d. h., der Flächeninhalt $x(t)$ wird, wenn wir noch den Anfangswert x_0 hinzufügen:

$$x(t) \approx x_0 + v_0\, t + \sum_{i=1}^n (t - \tau_i)\, \Delta v_i.$$

In der Grenze $\Delta v_i \to dv = b\, d\tau$ wird daraus (1.3*).

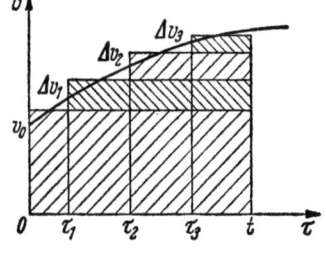

Fig. 1/4

Das genaue Analogon zu (1.3*) ist uns in der Statik begegnet: die Differentialgleichung $M'' = -q$ wird integriert durch die Formel

$$M(x) = M_0 + A\, x - \int_0^x (x - \xi)\, q(\xi)\, d\xi,$$

die sich dort mechanisch als Momentensatz für das Balkenstück von der Länge x deuten ließ [s. I, (12.2')].

Die Verifikation der Gleichung $d^2 x/dt^2 = b(t)$ aus (1.3*) sei dem Leser als nützliche Mathematikübung empfohlen.

β) $b = b(v)$. Wenn die Beschleunigung (z. B. infolge von Reibungskräften) nicht als Funktion der Zeit t, sondern in Abhängigkeit von der gerade erreichten Geschwindigkeit v bekannt ist, haben wir die

A. Gradlinige Bewegung des Massenpunktes

Differentialgleichung

$$\frac{dv}{dt} = b(v), \quad \text{mit} \quad \left.\begin{array}{l} v = v_0 \\ x = x_0 \end{array}\right\} \quad \text{für} \quad t = 0 \qquad (1.4\text{a})$$

zu lösen. Das geschieht durch „Trennung der Veränderlichen"; es ist

$$\frac{dv}{b(v)} = dt,$$

und indem man auf beiden Seiten integriert, erhält man

$$\int_{v_0}^{v} \frac{d\eta}{b(\eta)} = \int_{0}^{t} d\tau. \qquad (1.4\text{b})$$

In (1.4b) haben wir, da die Buchstaben v und t für die oberen Grenzen vergeben sind, für die Integrationsveränderliche „Ersatzbuchstaben" verwendet, und die unteren Grenzen einander zugeordnet: Zur Zeit $t = 0$ soll die Geschwindigkeit v_0 sein*. Führt man die Integration auf beiden Seiten aus, so ergibt sich in allgemeinen Zeichen

$$F(v, v_0) = t,$$

und daher hat man auch (Umkehrfunktion)

$$\dot{x} \equiv v = v(v_0, t). \qquad (1.4\text{c})$$

Den Weg x erhält man jetzt durch einfache Quadratur.

Wir betrachten ein Beispiel: Es sei

$$b = -\beta v, \quad \text{mit} \quad \left.\begin{array}{l} v = v_0 \\ x = 0 \end{array}\right\} \quad \text{für} \quad t = 0. \qquad (1.5\text{a})$$

$$(\beta = \text{const} > 0)$$

Aus (1.4b) folgt

$$\int_{v_0}^{v} \frac{d\eta}{\eta} = -\beta t.$$

Die Integration ergibt

$$\ln \frac{v}{v_0} = -\beta t,$$

mit der Umkehrung

$$v = v_0 e^{-\beta t}. \qquad (1.5\text{b})$$

Der Weg wird

$$x = \int_{0}^{t} v \, d\tau = \frac{v_0}{\beta} (1 - e^{-\beta t}). \qquad (1.5\text{c})$$

---

* Die Aussage $v = v_0$ für $t = 0$ übersetzt sich in die Forderung: Da das rechte Integral für $t = 0$ verschwindet, muß es das linke für den Wert $v = v_0$ tun. Indem man das durch Zuordnung der unteren Grenzen zum Ausdruck bringt, erspart man sich die nachträgliche Bestimmung der Integrationskonstanten.

§ 1. Kinematik der gradlinigen Bewegung

Aus (1.5b) folgt, daß es sich um eine auslaufende Bewegung handelt ($b < 0$!). Nach sehr langer („unendlich langer") Zeit wird $v = 0$; der Punkt gelangt bis zur Stelle $x_\infty = v_0/\beta$, legt also, trotz unendlich langer Zeit, einen endlichen Weg zurück (Fig. 1/5; die Fläche unter der v-Kurve ist endlich). Man bestätigt leicht, daß die Lösung (1.5c) die Forderungen (1.4a) erfüllt.

γ) $b = b(x)$. Wenn, was in der Physik besonders häufig vorkommt, die Kräfte vom Ort abhängen (Federn, elektrische Kräfte usw.), so

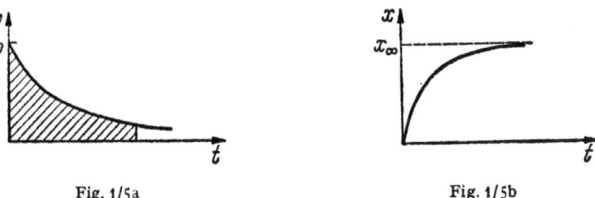

Fig. 1/5a   Fig. 1/5b

haben wir es mit einer Beschleunigungsdifferentialgleichung

$$\ddot{x} = b(x), \quad \text{mit} \quad \left.\begin{array}{l} v = v_0 \\ x = x_0 \end{array}\right\} \quad \text{für} \quad t = 0 \qquad (1.6a)$$

zu tun. Diese Gleichung ist weder durch direkte Quadratur, noch durch Trennung der Veränderlichen integrierbar. Man löst sie, indem man $\ddot{x} = b$ durch die Doppelgleichung

$$\frac{dx}{dt} = v, \qquad \frac{dv}{dt} = b(x)$$

ersetzt und dt eliminiert. Aus

$$\frac{dx}{v} = dt, \quad \frac{dv}{b(x)} = dt$$

folgt
$$v\,dv = b(x)\,dx, \qquad (1.6^*)$$

d. h., man erhält eine Differentialbeziehung zwischen v und x, wobei wir die Veränderlichen gleich getrennt haben.

[Die wichtige Umformung von $\ddot{x} \equiv \dot{v}$ kann man auch begründen mit der Vorstellung, x werde als Zwischenveränderliche eingeführt:

$$b \equiv \frac{dv}{dt} = \frac{dv}{dx}\frac{dx}{dt} = \frac{dv}{dx}v.\Big]$$

Unter Beachtung der Anfangsbedingungen liefert die Integration:

$$2\int_{v_0}^{v} \eta\,d\eta = v^2 - v_0^2 = 2\int_{x_0}^{x} b(\xi)\,d\xi. \qquad (1.6b)$$

Kennt man $b(\xi)$, so läßt sich das Integral auswerten, und es ergibt sich

$$v \equiv \frac{dx}{dt} = v(x).$$

Wieder kann man die Veränderlichen trennen; man erhält

$$t = \int_{x_0}^{x} \frac{d\xi}{v(\xi)} = t(x) \tag{1.6c}$$

und damit (Umkehrfunktion) $x(t)$.

Wir betrachten als Beispiel

$$\ddot{x} = -\omega^2 x, \quad \text{mit} \quad \left.\begin{array}{l} v = v_0 \\ x = 0 \end{array}\right\} \quad \text{für} \quad t = 0. \tag{1.7a}$$

$$(\omega = \text{const})$$

Nach (1.6b) erhalten wir

$$v^2 - v_0^2 = -2\omega^2 \int_0^x \xi \, d\xi = -\omega^2 x^2;$$

es ist also

$$v = \sqrt{v_0^2 - (\omega x)^2} = v_0 \sqrt{1 - \left(\frac{\omega}{v_0} x\right)^2}. \tag{1.7b}$$

Aus (1.6c) folgt

$$t = \int_0^x \frac{d\xi}{v_0 \sqrt{1 - \left(\frac{\omega \xi}{v_0}\right)^2}} = \frac{1}{\omega} \int_0^x \frac{d\left(\frac{\omega}{v_0}\xi\right)}{\sqrt{1 - \left(\frac{\omega \xi}{v_0}\right)^2}} = \frac{1}{\omega} \arcsin\left(\frac{\omega x}{v_0}\right).$$

Die Umkehrung liefert

$$x = \frac{v_0}{\omega} \sin \omega t. \tag{1.7c}$$

Man kontrolliert leicht, daß (1.7c) die Forderungen (1.7a) erfüllt.

δ) $b = \text{const}$. Faßt man diese spezielle Aufgabe als Sonderfall von α) auf, so liefert (1.3a, b)

$$v = v_0 + b t, \tag{1.8a}$$

$$x = x_0 + v_0 t + \frac{b}{2} t^2. \tag{1.8b}$$

Faßt man sie auf als Sonderfall von γ), so liefert (1.6b)

$$v^2 = v_0^2 + 2b(x - x_0). \tag{1.8c}$$

Die letzte Formel ist zweckmäßig, wenn man nicht den zeitlichen Ablauf, sondern den Zusammenhang zwischen v und x sucht. Will man z. B.

§ 1. Kinematik der gradlinigen Bewegung

die Steighöhe beim senkrechten Wurf nach oben wissen, so schreibt man mit $b = -g$ (Erdbeschleunigung)

$$v^2 = v_0^2 - 2g(x - x_0),$$

und erhält die Steighöhe $h = x_1 - x_0$ aus der Bedingung $v(x_1) \equiv v_1 = 0$ für den Umkehrpunkt $x = x_1$; es wird

$$h = \frac{v_0^2}{2g}. \qquad (1.8')$$

Die Gln. (1.4b) und (1.6c) fordern zu einer *Anmerkung* heraus. Die Integrationsaufgabe (1.6c) stellt sich dem Autofahrer, der einen Zeitplan machen will, sozusagen täglich: Wenn man Teile des Weges s_i (nicht eine bestimmte Zeitspanne!) mit einer Geschwindigkeit v_i zurücklegt, wenn also v als Funktion von s gegeben ist, so gilt

$$\frac{ds}{dt} = v(s)$$

und daher

$$t = \int_0^s \frac{d\sigma}{v(\sigma)}.$$

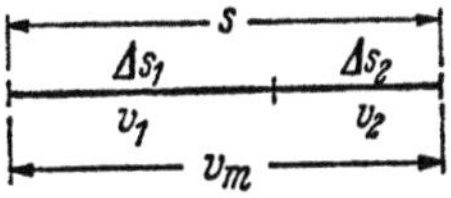

Fig. 1/6

Legt man n Wegstücke Δs_i je mit einer konstanten Geschwindigkeit v_i zurück, so ist

$$t = \sum_{i=1}^{n} \frac{\Delta s_i}{v_i} = \frac{\Delta s_1}{v_1} + \frac{\Delta s_2}{v_2} + \cdots.$$

Im Sonderfall $n = 2$ (Fig. 1/6), d. h.

$$t = \frac{\Delta s_1}{v_1} + \frac{\Delta s_2}{v_2}$$

wird die mittlere Geschwindigkeit

$$v_m = \frac{s}{t} = \frac{v_1 v_2 s}{v_1 \Delta s_2 + v_2 \Delta s_1}.$$

In Zahlen: Hat man den halben Weg mit 60, den halben mit 40 km/h zurückgelegt, so ist die mittlere Geschwindigkeit

$$\left.\begin{array}{c} \dfrac{60 \cdot 40}{\frac{1}{2} \cdot 60 + \frac{1}{2} \cdot 40} = 48 \text{ km/h}; \\[2ex] \text{bei 90 und 10 km/h ergibt sich} \\[1ex] \dfrac{90 \cdot 10}{\frac{1}{2} \cdot 90 + \frac{1}{2} \cdot 10} = 18 \text{ km/h}. \end{array}\right\} \quad (1.9\,\mathrm{a})$$

Führe man die halbe Zeit (nicht den halben Weg) je mit 90 und 10 km/h, so wäre die mittlere Geschwindigkeit

$$\tfrac{1}{2}(v_1 + v_2) = 50 \text{ km/h}. \qquad (1.9\,\mathrm{b})$$

Die Ergebnisse (1.9a/b) sind geeignet, den Unterschied zwischen den Integralformeln

$$t = \int_0^s \frac{d\sigma}{v(\sigma)} \quad \text{und} \quad s = \int_0^t v(\tau)\, d\tau,$$

d. h.

$$\frac{1}{v_m} = \frac{1}{s} \int_0^s \frac{d\sigma}{v(\sigma)} \quad \text{und} \quad v_m = \frac{1}{t} \int_0^t v(\tau)\, d\tau \qquad (1.9')$$

deutlich zu machen.

§ 2. Der Kräftesatz (das Newtonsche Gesetz)

a) Die lex secunda. Wie in der Elastostatik das HOOKEsche Gesetz

$$\sigma = E\,\varepsilon,$$

ein physikalischer Erfahrungssatz, die Beziehung herstellt zwischen den Kräften und den Verformungen, so verbindet in der Kinetik das NEWTONsche Gesetz Kräfte und Bewegungen. Wenn wir mit K die Resultierende aller in die Bewegungsrichtung fallenden Kräfte bezeichnen, lautet NEWTONS „lex secunda"

$$K = m\,b. \qquad (2.1)$$

m ist, wie der Elastizitätsmodul E, eine physikalische (d. h. durch Messung zu bestimmende) Konstante; sie heißt die Masse*.

Für die Beschreibung mancher Vorgänge ist es notwendig, die Masse unter das Differentialzeichen zu ziehen, d. h. anstelle von $m\,b \equiv m\,\dot{v}$ zu schreiben $(m\,v)^{\cdot}$. So lange m zeitunabhängig ist, sind beide Ausdrücke gleichwertig; bei veränderlicher Masse tritt — allerdings unter Einschränkungen, die hier nicht erörtert werden können** — der zweite an die Stelle des ersten. Die Größe $m\,v$ ist von besonderer Bedeutung in der sog. analytischen Mechanik; man nennt sie die Bewegungsgröße oder besser den Impuls***, und die Formel

$$K = (m\,v)^{\cdot} \qquad (2.1')$$

sagt also aus, daß die zeitliche Ableitung des Impulses gleich ist der Summe der äußeren Kräfte.

---

* Der Sprachgebrauch ist mehrdeutig: Man spricht auch von „einer Masse m", wenn gemeint ist: „ein Körper der Masse m".
** TIMOSHENKO-YOUNG, Advanced Dynamics, Ch. II.
*** „besser", weil $m\,b$, wie bei der nichtgeradlinigen Bewegung deutlich wird, ein *Vektor* ist, was in dem Wort Bewegungs„größe" nicht recht zum Ausdruck kommt.

§ 2. Der Kräftesatz (das Newtonsche Gesetz)

Das Gesetz (2.1) gilt unter zwei Einschränkungen:

α) Wenn die Geschwindigkeit sehr groß wird — genauer gesagt: der Lichtgeschwindigkeit nahekommt — kann die Größe m nicht mehr als Konstante behandelt werden (Relativitätsmechanik). Diese Abweichung vom Proportionalitätsgesetz $K \sim b$ hat im Bereich der normalen Technik keine Bedeutung, und insofern besteht ein wesentlicher Unterschied gegenüber dem HOOKEschen Gesetz $\sigma \sim \varepsilon$, von dem viele Materialien abweichen, auch wenn man das — um rechnen zu können — normalerweise ignoriert.

β) Sehr wichtig ist dagegen die zweite Einschränkung: Die Gl. (2.1) gilt nur für ein ruhendes Bezugssystem, ein sog. *Inertialsystem*. $b = \dot{v}$ ist die „absolute" Beschleunigung; bei Relativbewegungen — Eigenbewegungen von Körpern gegen ihrerseits bewegte Systeme — müssen zu den äußeren Kräften noch „Trägheitskräfte" gezählt werden, die herrühren von der Eigenbewegung des Bezugssystems (s. Abschn. C).

Ein Sonderfall der Gl. (2.1) ist die Aussage

$$G = m g, \qquad (2.1'')$$

die den Zusammenhang zwischen Gewicht und Masse eines Körpers herstellt. Die „schwere" Masse in (2.1'') ist dieselbe wie die „träge" Masse in (2.1). Die Beschleunigung g ist die Erdbeschleunigung, die auf der Erdoberfläche nicht genau konstant ist, und in mittleren Breiten den Betrag 9,81 m/sec² hat.

An die Gl. (2.1) sind drei Bemerkungen zu knüpfen.

1. Zur Bezeichnung: In Gl. (2.1) ist normalerweise die Kraft die gegebene, die Beschleunigung die gesuchte Größe, d. h., (2.1) dient dazu, den *Weg* des Massenpunktes zu bestimmen; man nennt (2.1) daher meist die „Bewegungsgleichung" (Plural bei mehreren Freiheitsgraden). Wir ziehen es vor, mehr auf die physikalische Aussage als auf das Ziel der Rechnung abzuheben und werden daher vorwiegend die Bezeichnung „Kräftesatz" benutzen, denn links steht wie in der Statik die *Resultierende* aller auf den Punktkörper einwirkenden Kräfte — nur daß die rechte Seite jetzt nicht mehr Null ist. (Bei der Drehbewegung stoßen wir dann entsprechend auf den „Momentensatz".)

2. Die Verbindung der drei Größen Kraft, Masse, Beschleunigung wirft die Frage auf, welche man als Grundgrößen, welche man als abgeleitete betrachten will. In der Technik faßt man K und b als die Grundgrößen auf, die (z. B.) in kp (Kilopond) und m/sec² gemessen werden. Für die Masse folgt dann aus (2.1)

$$[m] = \frac{\text{kp sec}^2}{\text{m}}. \qquad (2.2)$$

In der Physik ist es — da das *Maß* für die Kraft, das Gewicht $G = m g$, abhängt von der (etwas) veränderlichen Erdbeschleunigung g —

üblich, m neben b als die Grundgröße zu wählen, und zu schreiben

$$[K] = \frac{\text{kg m}}{\text{sec}^2}, \qquad (2.2')$$

wobei kg (Kilogramm) die Masseneinheit bedeutet. Zwischen dem technischen und dem physikalischen Maßsystem steht der Faktor 9,81, herrührend aus $g = 9{,}81$ m/sec^2; es ist die

techn. Krafteinheit 1 kp = 9,81 kg m/sec^2 im physikalischen System,

techn. Masseneinheit 1 kp $\dfrac{\text{sec}^2}{\text{m}}$ = 9,81 kg im physikalischen System.

Der gleiche Faktor 9,81 vermittelt in *ein und demselben* (z. B. dem technischen) Maßsystem zwischen Gewicht und Masse. Es gilt

$$G \,[\text{kp}] = m \left[\frac{\text{kp sec}^2}{\text{m}}\right] 9{,}81 \left[\frac{\text{m}}{\text{sec}^2}\right],$$

d. h., die Zuordnung zwischen den *Zahlenwerten* von Masse und Gewicht (im selben System) lautet

$$m \approx G/10. \qquad (2.2'')$$

3. Die Gl. (2.1) ist NEWTONS „lex secunda". „Lex prima" ist die Aussage, daß ein Körper seine Geschwindigkeit beibehält, wenn keine Kräfte wirken. In heutiger Sicht ist diese Aussage nichts als der Sonderfall $K = 0$ der Gl. (2.1); im Jahre 1687 war es notwendig diesen Sonderfall herauszuheben — hat man doch noch bis tief ins 18. Jahrhundert hinein über Bewegungen philosophiert, die „von selbst aufhören".

„Lex tertia" und „lex quarta" stellen fest, was *Kraft* ist: Lex tertia ist das Wechselwirkungsgesetz der Kräfte (Kraft = Gegenkraft), lex quarta der Satz vom Parallelogramm der Kräfte — beide Sätze stehen für uns am Eingang zur Statik (TM I, § 1).

b) Zwei Beispiele. Als Anwendungsbeispiele für die Gl. (2.1) betrachten wir zwei sog. geführte Bewegungen im Schwerefeld, und zwar Anordnungen, die geschichtlich dazu gedient haben, die beim freien Fall schwer meßbare Größe g zahlenmäßig zu bestimmen.

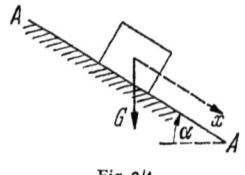

Fig. 2/1

1. *Die schiefe Ebene.* In Fig. 2/1 ist eine schiefe Ebene dargestellt, längs derer ein Massenpunkt in Richtung x reibungsfrei gleitet. Von den beiden Freiheitsgraden des Massenpunktes in der Zeichenebene bleibt, da der Punkt die Gerade AA nicht verlassen kann, nur einer übrig; wir bezeichnen mit x die Richtung AA.

Ist die Führung glatt, so brauchen wir nur eine einzige Gleichung anzuschreiben:

$$m\,b \equiv m\,\ddot{x} = G \sin\alpha, \qquad (2.3)$$

§ 2. Der Kräftesatz (das Newtonsche Gesetz)

denn außer der Gewichtskomponente wirken in der Bewegungsrichtung keine weiteren Kräfte.

Die Gl. (2.3) läßt sich ohne Schwierigkeit „integrieren". Schreiben wir $G = mg$, so kürzt sich m heraus (Gleichheit von träger und schwerer Masse), und es wird

$$\ddot{x} = g \sin\alpha. \qquad (2.3')$$

Läßt man den Körper aus der Null-Lage ohne Anfangsgeschwindigkeit los, $x_0 = v_0 = 0$, so folgt daraus

$$x = \frac{g \sin\alpha}{2} t^2. \qquad (2.3^*)$$

Ist die schiefe Ebene nur schwach geneigt (GALILEIS Versuche, die am Beginn der neuzeitlichen Mechanik stehen), so kann man x und t ablesen, und erhält damit

$$g = \frac{1}{\sin\alpha} \frac{2x}{t^2}.$$

Bei allzu kleinen Winkeln wird die Messung indessen unbrauchbar: Die Reibung zwischen Körper und Ebene („Massenpunkt" und „Gerade") darf nicht mehr vernachlässigt werden. Nach Fig. 2/2 gilt jetzt

$$G \sin\alpha - R = m\ddot{x}$$

— aber wie groß ist R? An dieser Stelle wird deutlich, daß es zweckmäßig ist, bei geführten Bewegungen alle für den Vorgang wesentlichen Kräftegleichungen

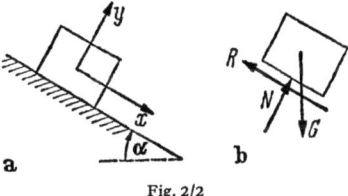

Fig. 2/2

anzuschreiben (Kräftefigur gesondert zeichnen!), und die Führungsbedingung, eine geometrische Aussage, ausdrücklich zu formulieren. Anstelle von (2.3) schreiben wir

$$G \sin\alpha - R = m\ddot{x},$$
$$-G \cos\alpha + N = m\ddot{y}, \qquad y = 0. \qquad (2.4\,a/b/c)$$

Zu diesen 3 Gleichungen für die 4 Unbekannten

$$x, y, R, N$$

tritt eine physikalische Aussage über die Reibungskraft R. Nehmen wir an, daß für die trockene Reibung mit genügender Genauigkeit das COULOMBsche Reibungsgesetz

$$|R| = \mu N \qquad (2.4\,d)$$

gilt, wobei R der Bewegung entgegenwirkt [in Gl. (2.4a) durch das Vorzeichen schon berücksichtigt], so haben wir vier lineare Gleichungen für die 4 Unbekannten und können ohne Schwierigkeit nach jeder

der interessierenden Größen, z. B. nach $\ddot{x}$, auflösen. Es ergibt sich

$$m\ddot{x} = G(\sin\alpha - \mu\cos\alpha) = \frac{G}{\cos\varrho}\sin(\alpha - \varrho), \qquad (2.4^*)$$

wenn man durch

$$\mu \equiv \tan\varrho \qquad (2.5)$$

anstelle der Reibungszahl μ den Reibungswinkel ϱ einführt. Für kleine ϱ ist $\cos\varrho \approx 1$, und also

$$\ddot{x} \approx g\sin(\alpha - \varrho), \qquad (2.5')$$

woraus mit $x_0 = v_0 = 0$

$$x = g\sin(\alpha - \varrho)\frac{t^2}{2} \qquad (2.5^*)$$

folgt. Da ϱ nur näherungsweise bekannt ist, erreicht die g-Messung mit Hilfe der schiefen Ebene keine hohe Genauigkeit.

2. Die Atwoodsche Fallmaschine. Genauere Meßergebnisse als mit der schiefen Ebene kann man mit der Rollenanordnung Fig. 2/3 erzielen. Es ergibt sich, wenn man die Rollenträgheit und die Reibung im Lager vernachlässigt

$$b = g\frac{G_1 - G_2}{G_1 + G_2}, \qquad (2.6)$$

wobei man $b = \ddot{x}$ wieder aus $2x/t^2$ bestimmen kann.

Wie kommt man auf (2.6)? Für die abgetrennten Gewichte gilt

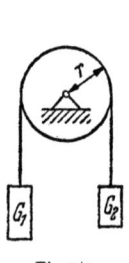

Fig. 2/3

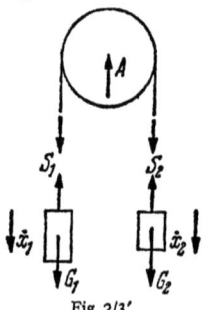

Fig. 2/3′

auf Grund des aus der Statik geläufigen Schnittprinzips (Fig. 2/3′)

$$G_1 - S_1 = m_1\ddot{x}_1, \qquad G_2 - S_2 = m_2\ddot{x}_2, \qquad (2.7\text{a})$$

wobei wir, unabhängig von der wirklich sich einstellenden Bewegung, $\ddot{x}_1$, $\ddot{x}_2$ beide nach unten gezählt haben. Für die Rolle liefert der Momentensatz* um A

$$r S_1 = r S_2, \quad \text{d. h.} \quad S_1 = S_2 \equiv S. \qquad (2.7\text{b})$$

---

* Den Momentensatz der Statik (anstelle des Momentensatzes der Kinetik) zu benützen, ist zulässig, wenn die Masse der Rolle sehr klein ist gegen die Masse der beiden Gewichte (s. unten § 8). Das Ergebnis $S_1 = S_2$ gilt aber auch in einem anderen Grenzfall: wenn das Seil reibungslos gleitet, so daß die Rolle stillsteht. (Da an dem glatten Seil keine äußeren Kräfte in Seilrichtung angreifen, muß $S = $ const sein.)

§ 2. Der Kräftesatz (das Newtonsche Gesetz)

Das sind 3 Gleichungen für die 4 Unbekannten $\ddot x_i$, S_i. Als weitere Bedingung tritt hinzu die geometrische Beziehung

$$-\ddot x_2 = \ddot x_1 \equiv \ddot x, \qquad (2.7\,\mathrm{c})$$

die zum Ausdruck bringt, daß das Seil sich nicht dehnt, so daß die beiden Gewichte ständig dieselbe Geschwindigkeit haben. Aus den 4 Gleichungen (2.7) erhält man durch Elimination der S_i

$$\ddot x \equiv b = \frac{G_1 - G_2}{m_1 + m_2},$$

d. h. (2.6).

Im wesentlichen ist die Aufgabe damit gelöst — es ist aber lehrreich noch nach Seil- und Auflagerkraft zu fragen. Es ergibt sich

$$A = 2S, \quad S = \frac{2G_1 G_2}{G_1 + G_2}, \quad \text{d. h.} \quad \frac{1}{S} = \frac{1}{2}\left(\frac{1}{G_1} + \frac{1}{G_2}\right). \qquad (2.8)$$

S, das „harmonische" Mittel der Gewichte, ist kleiner als das arithmetische Mittel $\frac{1}{2}(G_1 + G_2)$, wie die Umformung

$$2S = \frac{4G_1 G_2}{G_1 + G_2} = (G_1 + G_2) - \frac{(G_1 - G_2)^2}{G_1 + G_2} \qquad (2.8')$$

zeigt. In der Tat muß die Seilspannung nachlassen, wenn man, bei ursprünglich gleichen Gewichten $G_1 = G_2$, einen Teil von G_2 zu G_1 schlägt: Da sich, wie Fig. 2/4 zeigt, der Gesamtschwerpunkt C (beschleunigt) nach unten bewegt, *muß* die Resultierende abwärts gerichtet, d. h., $A = 2S$ kleiner sein als $G_1 + G_2$.

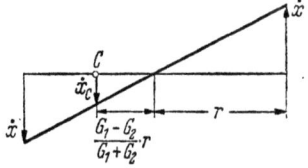

Fig. 2/4

Übrigens ergibt sich für die Schwerpunktsbeschleunigung eine sehr einfache Formel. Nach der Figur ist $\ddot x_c = \dfrac{G_1 - G_2}{G_1 + G_2}\,\ddot x$, und also

$$b_c = \frac{G_1 - G_2}{G_1 + G_2}\,b = \left(\frac{G_1 - G_2}{G_1 + G_2}\right)^2 g, \qquad (2.9)$$

b_c ist für $G_1 \lessgtr G_2$ immer nach unten gerichtet. Aus (2.8') mit $2S = A$ und (2.9) bestätigt man leicht

$$G_1 + G_2 - A = (m_1 + m_2)\,b_c, \qquad (2.9')$$

das Newtonsche Gesetz für das Gesamtgebilde.

§ 3. Freie Schwingungen des Feder-Masse-Systems

a) Die Bewegungsgleichung des Schwingers mit einem Freiheitsgrad. In Fig. 3/1 ist eine Feder und eine Masse dargestellt:

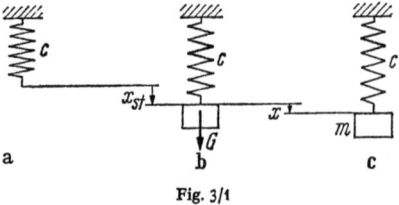

Fig. 3/1

a) die Feder im ungespannten Zustand,
b) die Feder durch das Gewicht der Masse statisch gedehnt,
c) die Feder durch die bewegte Masse über die statische Gleichgewichtslage hinaus gedehnt.

Die Gleichgewichtslage b) ist gekennzeichnet durch eine Federspannkraft $S_0 = G$ und eine Federverlängerung x_{st}. Ist c die Federsteifigkeit, von der wir annehmen, daß sie im Bereich der von uns betrachteten kleinen Ausschläge eine Konstante sei, so ist $S_0 = c\,x_{st}$, und also

$$c\,x_{st} = G.$$

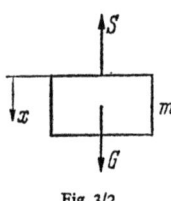

Fig. 3/2

In der über x_{st} hinaus ausgelenkten Lage (d. h. während der Bewegung) wirkt eine Federkraft

$$S = c(x_{st} + x),$$

und nach dem NEWTONschen Grundgesetz ist (Fig. 3/2)

$$m\,\ddot{x} = G - S.$$

Setzt man darin für S und $c\,x_{st}$ die beiden vorhergehenden Ausdrücke ein, so hebt sich das Gewicht G heraus, und es ergibt sich die Bewegungsgleichung $m\,\ddot{x} = -c\,x$, oder

$$m\,\ddot{x} + c\,x = 0. \tag{3.1}$$

In die Schwingungsgleichung (3.1) geht — und das gilt allgemein, *wenn man x von der statischen Gleichgewichtslage aus zählt* — nur die Masse, nicht das Gewicht ein.

Die Gl. (3.1) ist eine lineare Differentialgleichung zweiter Ordnung für den Ausschlag x. Die Lösung läßt sich erraten: sinus und cosinus haben die Eigenschaft, beim zweimaligen Differenzieren mit negativen Zeichen wiederzukehren. Wir machen den „Ansatz"

$$x = A_1 \cos \omega\, t + A_2 \sin \omega\, t \tag{3.2}$$

§ 3. Freie Schwingungen des Feder-Masse-Systems

mit noch offenem ω und führen (3.2) in (3.1) ein; (3.1) fordert

$$(-m\omega^2 + c)A_1 \cos\omega t + (-m\omega^2 + c)A_2 \sin\omega t = 0,$$

und daraus folgt

$$\omega^2 = \frac{c}{m}, \quad \text{d. h.} \quad \omega = \sqrt{c/m}; \tag{3.2*}$$

ω nennt man die Kreisfrequenz der Schwingung (was wir in § 23 begründen werden).

Im Gegensatz zu ω ergeben sich die Konstanten $A_{1,2}$ nicht aus den Koeffizienten der Differentialgleichung. $A_{1,2}$ sind die Integrationskonstanten, die zur Erfüllung der Anfangsbedingungen dienen; es sind, wie man in der Mathematik beweist, *zwei* bei einer Differentialgleichung *zweiter* Ordnung. Zum Ausschlag (3.2) gehört die Geschwindigkeit

$$\dot{x} = -A_1 \omega \sin\omega t + A_2 \omega \cos\omega t; \tag{3.2'}$$

sind die Anfangsbedingungen (für $t = 0$)

$$x = x_0 \quad \text{und} \quad \dot{x} = v_0, \tag{3.3}$$

so folgt aus (3.2) und (3.2')

$$A_1 = x_0, \quad A_2 = v_0/\omega. \tag{3.3*}$$

Der Maximalausschlag wird erreicht für $\dot{x} = 0$; nach (3.2') wird $\dot{x} = 0$ für ein Argument $\omega t_1 \equiv \gamma$, das sich aus

$$\tan\gamma = \frac{A_2}{A_1} = \frac{v_0}{\omega x_0} \tag{3.4a}$$

bestimmt. Setzt man das in (3.2) ein, so ergibt sich

$$x_{\max} \equiv A = \sqrt{x_0^2 + \left(\frac{v_0}{\omega}\right)^2}. \tag{3.4b}$$

γ nennt man den *Phasenwinkel*, A die *Amplitude* der Schwingung. Es ist oft zweckmäßig, diese beiden Größen anstelle von A_1 und A_2 in die Gleichung $x = x(t)$ einzuführen. In der Tat kann man die Lösung von (3.1) statt in der Form (3.2) ansetzen in der Gestalt

$$x = A \cos(\omega t - \gamma). \tag{3.5}$$

(3.5) erfüllt die Differentialgleichung (3.1) für beliebige A und γ, und mit

$$\dot{x} = -\omega A \sin(\omega t - \gamma) \tag{3.5'}$$

folgt aus den Anfangsbedingungen

$$A \cos\gamma = x_0, \quad A \sin\gamma = \frac{v_0}{\omega}.$$

Dieses Ergebnis stimmt mit (3.4) überein: Quotientenbildung liefert (3.4a), Quadrieren und Addieren (3.4b). Wir halten fest, daß nach (3.5) und (3.5′) gilt

$$x_{max} = A, \quad \dot{x}_{max} = \omega A. \tag{3.5″}$$

Aus (3.4b) erkennt man, daß A davon unabhängig ist, in welchem Vorzeichenverhältnis x_0 und v_0 zueinander stehen: Es ergibt sich dieselbe Amplitude, ob v_0 in dieselbe Richtung fällt wie x_0 oder in die entgegengesetzte. Nach (3.4a) hängt dagegen γ von den Vorzeichen ab.

Die durch die Gl. (3.1) mit den Anfangsbedingungen (3.3) bestimmten Schwingungen heißen „freie" Schwingungen des Gebildes; im Anhang (§ 25) behandeln wir die erzwungenen Schwingungen, bei denen zu der (inneren) Federkraft noch äußere, eine „unfreie" Bewegung erzwingende Kräfte treten.

b) Federsteifigkeit und Federnachgiebigkeit. In Gl. (3.1) ist angenommen, daß die Größe c, die Federsteifigkeit, gegeben sei. In den Anwendungen ist die Bestimmung dieser Größe — auch wenn man noch gar nicht an Schwinger mit mehr als einem Freiheitsgrad denkt — ein wesentlicher Teil des Problems. Allerdings kein kinetisches, sondern ein elastostatisches Problem, weshalb wir hier nur zwei Beispiele geben wollen.

Die Federnachgiebigkeit $h = 1/c$ findet man, indem man an der Stelle des Gebildes, wo die Masse sitzt, eine — statische! — Kraft 1 anbringt und die dadurch entstehende Verschiebung berechnet (möglicherweise auch mißt). Die Federsteifigkeit c erhält man durch Anbringung einer Verschiebung 1; c ist dann die zur Erzeugung dieser Verschiebung notwendige Kraft. h hat die Dimension Ausschlag/Kraft, c die Dimension Kraft/Ausschlag.

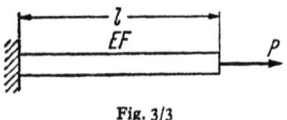

Fig. 3/3

1. Dehnstab. Wird der Stab Fig. 3/3 durch eine Kraft P gedehnt, so ergibt sich die Verlängerung $x \equiv u$ aus

$$\sigma = E\varepsilon, \quad \sigma = \frac{P}{F}, \quad \varepsilon = \frac{x}{l}$$

zu

$$x = P\frac{l}{EF};$$

Es ist also die zur Kraft 1 gehörige Verlängerung

ihr Reziprokwert ist

$$\left.\begin{array}{c} h = \dfrac{l}{EF}; \\[2ex] c = \dfrac{EF}{l}. \end{array}\right\} \tag{3.6a}$$

§ 3. Freie Schwingungen des Feder-Masse-Systems

Man beachte, daß EF die *Dehn*-Steifigkeit des Stabes ist ($= S/\varepsilon$, S die Stabkraft), EF/l die *Feder*-Steifigkeit ($= S/u$).

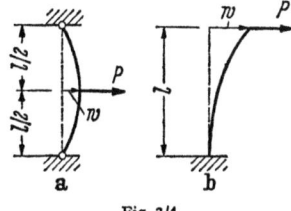

Fig. 3/4

2. Biegefeder. Greift die Kraft P in der Mitte einer Blattfeder, d. h. eines gelenkig gelagerten Balkens an (Fig. 3/4a), so ist

$$x \equiv w = \frac{P l^3}{48 EI}.$$

Wirkt sie am Ende der einseitig eingespannten Feder (Fig. 3/4b), so gilt

$$x \equiv w = \frac{P l^3}{3 EI}.$$

Es ist also

$$h = \frac{l^3}{\beta EI}, \quad c = \frac{\beta EI}{l^3}, \tag{3.6b}$$

wobei β eine von den Auflagerbedingungen abhängige *Zahl* ist.

c) Parallelschaltung, Hintereinanderschaltung von Federn.

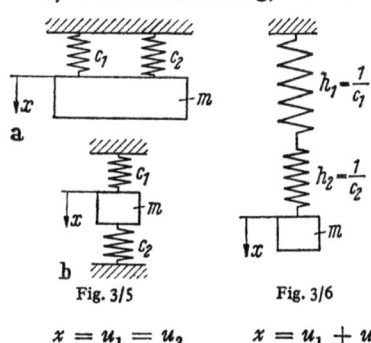

Fig. 3/5   Fig. 3/6

In Fig. 3/5 sind die beiden Federn, die die Masse mit „fest" verbinden, parallel geschaltet, in Fig. 3/6 hintereinander. Bringt man statt der Masse eine Kraft P an, so gilt, wenn mit $u_{1,2}$ die Längenänderungen, mit $S_{1,2}$ die Schnittkräfte der Federn bezeichnet werden:

$x = u_1 = u_2$ $x = u_1 + u_2$
$P = S_1 + S_2$ $P = S_1 = S_2$

Da für jede Feder

$S_i = c_i u_i$ bzw. $u_i = h_i S_i$

gilt, so folgt

$c_{\text{res}} = c_1 + c_2,$ $h_{\text{res}} = h_1 + h_2,$ (3.7)

d. h. bei Parallelschaltung addieren sich die Steifigkeiten, bei Hintereinanderschaltung die Nachgiebigkeiten.

Wir weisen ausdrücklich darauf hin, daß Parallel- und Hintereinanderschaltung nur die einfachsten Federkombinationen sind. Die Bestimmung von c_{res} oder h_{res} ist ein elastostatisches Problem, das u. U. erhebliche Mühe machen kann. Im Anhang (§ 23) ist an einigen weiteren Beispielen gezeigt, wie man resultierende Steifigkeiten und Nachgiebigkeiten berechnet.

d) Federschwinger und Pendel; eine Gebrauchsformel. Der Hauptformel dieses Paragraphen, (3.2*), kann man eine Form geben, die einen unmittelbaren Vergleich zuläßt zwischen dem hier betrachteten Federschwinger und dem Schwinger im Schwerefeld, dem Pendel (s. u. § 8). Diese Umformung führt überdies auf eine Gebrauchsformel, mit der man die Eigenfrequenz einer eine Masse tragende Konstruktion (Maschine + Fundament) besonders bequem abschätzen kann. Mit $m = G/g$ wird aus (3.2*)

$$\omega^2 = \frac{c}{m} = \frac{1}{h\,m} = \frac{g}{h\,G}. \tag{3.8}$$

Im Nenner steht die Durchsenkung infolge des Gewichtes der Masse, d. h. der Betrag δ, um den die elastische Konstruktion nachgibt, wenn das Massengewicht statisch aufgebracht wird. Die Eigenfrequenz (eigentlich Eigenkreisfrequenz, aber der Sprachgebrauch vermeidet die Doppelkennzeichnung)

$$\omega = \sqrt{g/\delta} \tag{3.8'}$$

eines elastischen Schwingers ist also umgekehrt proportional der Wurzel aus der statischen Durchsenkung. Der Vergleich mit der Pendelformel (8.8*) unten zeigt, daß δ an die Stelle der Pendellänge tritt; man erkennt, warum elastische „Pendel" im allgemeinen sehr viel schneller schwingen als Schwerependel.

Großer Beliebtheit erfreut sich eine aus (3.8') entstehende Gebrauchsformel, die allerdings, ihrer Maßstababhängigkeit wegen, nicht ungefährlich ist. Setzt man für g den Zahlenwert

$$g = 981 \text{ cm/sec}^2$$

ein, und geht zugleich über zu der (im Maschinenbau üblicherweise benutzten) Frequenz/Minute, $n = 60\,\omega/2\pi$, so erhält man

$$n = \frac{30}{\pi}\sqrt{\frac{981}{\delta_{cm}}} \approx \frac{300}{\sqrt{\delta_{cm}}}. \tag{3.9}$$

Diese Formel ist überaus bequem, sie gilt aber nur, wenn die statische Durchsenkung in cm angegeben wird.

§ 4. Erste Umformung des Kräftesatzes (des Newtonschen Gesetzes): Die d'Alembertsche Trägheitskraft

Führt man in

$$\sum_{i=1}^{n} K_i = m\ddot{x}$$

durch

$$K_b = -m\ddot{x}$$

eine neue „Kraft", die Trägheitskraft K_b, ein, so kann man schreiben

$$\sum_{i=1}^{n} K_i + K_b = \sum_{i=1}^{n+1} K_i = 0, \tag{4.1}$$

womit der Kräftesatz der Kinetik formal zurückgeführt ist auf den Kräftesatz der Statik. Das Wort Kraft haben wir in Anführungszeichen gesetzt, weil die Trägheitskraft im Gegensatz zu den Kräften der Statik der lex tertia Newtons (TM I, § 1) nicht genügt: sie hat keine Gegenkraft. Betrachten wir Fig. 4/1. Auf den Träger wirkt, wenn wir Gewicht oder Masse abtrennen, die Schnittkraft P. Der abgetrennte Körper befindet sich unter P und G bzw. unter P und K_b im Gleichgewicht, aber

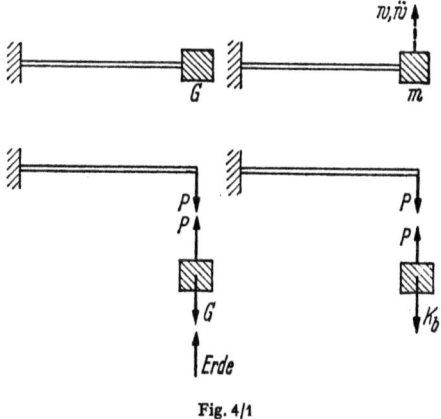

Fig. 4/1

während zu G eine Gegenkraft existiert (die Kraft, mit der der Körper die Erde anzieht), fehlt zu K_b eine solche Gegenkraft. K_b wird nicht erst durch Trennung (von der Erde oder von einem anderen kraftausübenden Körper) zur „äußeren Kraft".

Der rechnerische Vorteil, den die Formulierung (4.1) gegenüber der Newtonschen Formulierung gewährt, zeigt sich bei der Anwendung des Momentensatzes auf das Beispiel Fig. 4/2. Folgt die Beschleunigung dem angegebenen Pfeil, so greift an der ersten Masse $G_1 - m_1 \ddot{x}$, an der zweiten $G_2 + m_2 \ddot{x}$ an, und der Momentensatz für die (masselose) Rolle lautet:

$$r(G_1 - m_1 \ddot{x}) = r(G_2 + m_2 \ddot{x}), \qquad (4.2)$$

d. h., man erhält das Ergebnis (2.6), ohne zuerst zu schneiden und dann die Seilkräfte zu eliminieren.

Noch deutlicher wird der Sinn der Gl. (4.1), wenn man statt des Momentensatzes das Prinzip der virtuellen Verrückungen heranzieht.

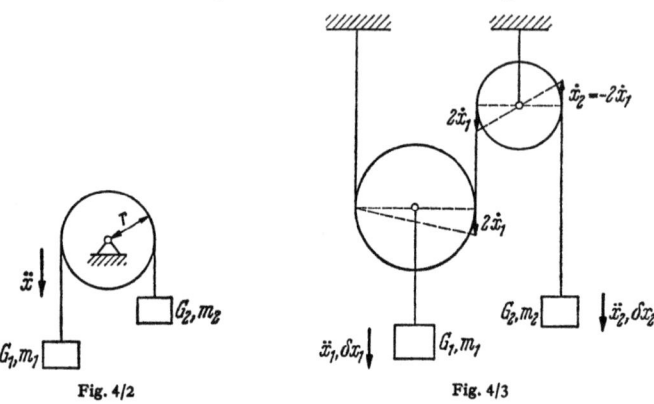

Fig. 4/2   Fig. 4/3

Wir betrachten Fig. 4/3. Zählen wir, anders wie in Fig. 4/2, die Beschleunigungen $\ddot{x}_i$ konsequent positiv nach unten, ebenso die virtuellen Verrückungen δx_i, so lautet das von D'ALEMBERT 1758 formulierte „Prinzip", der Arbeitssatz der Statik unter Einbeziehung der Trägheitskräfte:

$$(G_1 - m_1 \ddot{x}_1) \delta x_1 + (G_2 - m_2 \ddot{x}_2) \delta x_2 = 0. \qquad (4.3)$$

Die geometrische Bedingung (Undehnbarkeit des Seiles) kleiden wir — immer! — in die Form einer Geschwindigkeitsaussage:

$$\dot{x}_1 = -\tfrac{1}{2}\dot{x}_2. \qquad (4.4)$$

Dieselbe Beziehung* muß für die virtuellen Verrückungen gelten:

$$\delta x_1 = -\tfrac{1}{2}\delta x_2, \qquad (4.4^*)$$

---

* „Dieselbe": Statt (4.4) können wir schreiben $dx_1 = -\tfrac{1}{2}dx_2$, und das ist identisch mit (4.4*), denn die virtuellen Verrückungen δx sind infinitesimal, und der Schreibunterschied (δ statt d) soll nur andeuten, daß es gelegentlich zweckmäßig sein kann mit virtuellen Verrückungen zu arbeiten, die *nicht alle* geometrischen Bindungen respektieren.

§ 4. Erste Umformung des Kräftesatzes: Trägheitskraft

denn wenn das Gebilde bei der virtuellen Verrückung auseinanderklaffte, würde die Seilkraft einen von Null verschiedenen Arbeitsbetrag liefern, d. h., sie müßte in (4.3) in Erscheinung treten. Differenzieren wir (4.4) nach der Zeit, so folgt

$$\ddot{x}_1 = -\tfrac{1}{2}\ddot{x}_2,$$

und damit wird aus (4.3)

d. h.
$$\left[-\frac{1}{2}\left(G_1 + \frac{m_1}{2}\ddot{x}_2\right) + (G_2 - m_2\ddot{x}_2)\right]\delta x_2 = 0,$$

$$\ddot{x}_2 = \frac{G_2 - \tfrac{1}{2}G_1}{m_2 + \tfrac{1}{4}m_1}, \tag{4.5}$$

was man durch Elimination der Seilkräfte sehr viel mühsamer findet.

Ein anderes Beispiel für die Zweckmäßigkeit der D'ALEMBERTschen Formulierung sind die Schwinger Fig. 4/4, wo ein masseloser Biegeträger als Feder fungiert. Wollte man die Schwingungsgleichung aus „Kraft = Masse × Beschleunigung" gewinnen, so wäre zu formulieren

$$m\,\ddot{w} = \Delta Q,$$

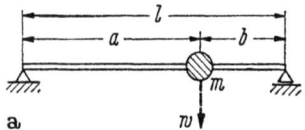
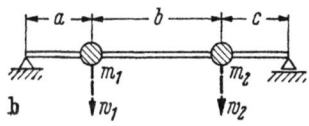

worin ΔQ der Querkraftsprung ist. Durch eine von Fall zu Fall vorzunehmende Integration der Balkengleichung müßte man ΔQ durch w ausdrücken — ein gewiß umständliches Verfahren, wenn man bedenkt, daß das statische Problem generell ja längst

Fig. 4/4

gelöst ist. Faßt man aber $(-m\,\ddot{w})$ als die Last auf, so kann man im Falle der Fig. a schreiben (w wird wie immer bei Schwingungen von der statischen Ruhelage aus gezählt)

$$w = h(-m\,\ddot{w}). \tag{4.6}$$

Darin ist h die „Nachgiebigkeit" (Durchbiegung des Balkens infolge einer Last 1), die nach II (9.6) gegeben ist durch

$$h = \frac{a^2 b^2}{3l\,EI}. \tag{4.6'}$$

Genau dieselbe Überlegung kann man beim Mehr-Massen-Schwinger anstellen[*]. Im Fall der Fig. b ist

$$w_1 = -(h_{11}m_1\ddot{w}_1 + h_{12}m_2\ddot{w}_2),$$
$$w_2 = -(h_{21}m_1\ddot{w}_1 + h_{22}m_2\ddot{w}_2). \tag{4.7}$$

---

[*] Siehe dazu auch § 26.

Die h_{ik} sind darin die statischen Nachgiebigkeiten: Durchsenkungen an der Stelle i infolge einer Kraft 1 an der Stelle k. Da auch diese Werte nach II (11.7) [dort δ_{ik} genannt] bekannt sind, stellen (4.7) schon die gesuchten Schwingungsgleichungen (für den Zweimassenschwinger) dar.

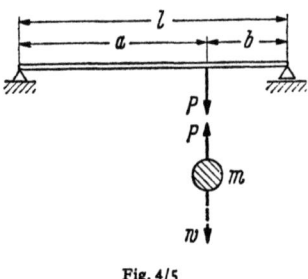

Fig. 4/5

Anmerkung: Wie bei den beiden Seilaufgaben, kann man auch bei den Schwingungsproblemen vom Typ der Fig. 4/4 das d'ALEMBERTsche Prinzip umgehen —, wenn man dafür die Mühe in Kauf nimmt zu schneiden. Hebt man (Schnittprinzip, Fig. 4/5) die Masse ab, so entsteht für den Balken das statische Problem, in $w = hP$ die Nachgiebigkeit zu bestimmen. Für die Masse gilt $P = -m\ddot{w}$; indem man P eliminiert, erhält man die Gl. (4.6).

§ 5. Zweite Umformung des Kräftesatzes: Impuls

Integriert man die NEWTONsche Gleichung

$$\frac{d}{dt}(mv) = K \tag{5.1}$$

über die Zeit, so ergibt sich der Impulssatz:

$$mv - (mv)_0 = \int K\,dt \equiv \hat{K}, \tag{5.2}$$

in Worten:

Änderung des Impulses = Zeitintegral der Kraft
(Antrieb der Kraft, Kraft-"Stoß")*

(5.2) verbindet wie (5.1) gerichtete Größen: Endgeschwindigkeit und Kraftstoß werden in derselben Richtung positiv gezählt.

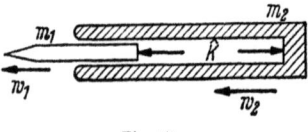

Fig. 5/1

Wir geben drei Beispiele:

1. Für die Geschwindigkeiten w_1, w_2 von Geschoß und Rohr (Fig. 5/1) unmittelbar nach der Explosion gilt wegen Kraft = Gegenkraft, also auch Stoß = Gegenstoß:

$$m_1 w_1 = \hat{K},$$
$$m_2 w_2 = -\hat{K},$$

Addition liefert

$$m_1 w_1 + m_2 w_2 = 0. \tag{5.3}$$

---

* Im Englischen heißt — leider — die rechte Seite impulse (die linke momentum). Wir übernehmen aus der Nomenklatur der Physik das Wort „Stoß" für das Zeitintegral, obwohl der Vorgang nicht notwendig ein Stoß im Sinn des Sprachgebrauchs zu sein braucht.

§ 5. Zweite Umformung des Kräftesatzes: Impuls 25

Der Punkt mit der Koordinate

$$x_S = \frac{x_1 m_1 + x_2 m_2}{m_1 + m_2}$$

ist der Schwerpunkt des Zweimassengebildes Fig. 5/1. Nach (5.3) ist seine Geschwindigkeit $w_S = \frac{w_1 m_1 + w_2 m_2}{m_1 + m_2} = 0$, d. h., der innere Kraftstoß $\pm \hat{K}$ ändert die Geschwindigkeit des Gesamtschwerpunktes nicht. (Das gilt natürlich genauso für jedes beliebige Vielmassengebilde.) Das *Verhältnis* der Geschwindigkeiten nach der Explosion hängt nach (5.3) nur vom Massenverhältnis ab; für die Geschwindigkeits*beträge* ist aber natürlich die Größe des Explosionsstoßes $\hat{K}$ entscheidend.

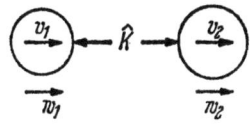

Fig. 5/2

2. Trifft ein Körper mit der Geschwindigkeit v_1 einen zweiten der die Geschwindigkeit v_2 ($<v_1$) hat, so gilt nach Fig. 5/2

$$m_2 w_2 - m_2 v_2 = \hat{K},$$
$$m_1 w_1 - m_1 v_1 = -\hat{K},$$

wenn $w_{1,2}$ wieder die Geschwindigkeiten nach dem Stoß bezeichnen. Dann ist also

$$m_1 w_1 + m_2 w_2 = m_1 v_1 + m_2 v_2, \qquad (5.4)$$

in Worten:

Impuls nach dem Stoß = Impuls vor dem Stoß.

[(5.3) ist der Sonderfall $v_1 = v_2 = 0$ dieser Aussage.]

Wieder erhält man aus dem Impulssatz nur *eine* Gleichung für *zwei* Unbekannte; die Beträge der Geschwindigkeiten w_1, w_2 nach dem Stoß ergeben sich erst, wenn noch eine zweite Aussage — über den Charakter des Stoßes — hinzukommt. Erfolgt der Stoß z. B. so, daß die Körper nach dem Stoß aneinander haften („plastischer Stoß") so ist $w_1 = w_2 = w$ und man erhält

$$w = \frac{m_1 v_1 + m_2 v_2}{m_1 + m_2}, \qquad (5.5)$$

womit man — in diesem Sonderfall — den Geschwindigkeitszustand nach dem Stoß kennt.

3. Ein Anwendungsbeispiel für den „plastischen Stoß" ist der Mann im Boot (Fig. 5/3). Er gehe im Boot ein Stück *a* nach vorwärts — um wieviel ist er dem Ufer näher gekommen?

Die Anfangsgeschwindigkeiten v_1 und v_2 von Mann und Boot sind Null. Wenn er am Schluß der Bewegung stehenbleibt (letzter von *n* plastischen

Stößen), so stimmt seine Geschwindigkeit mit der des Bootes überein. Nach der Formel (5.5) ist dann beider Absolutgeschwindigkeit w Null. Da der Gesamtimpuls Null ist, muß das Zeitintegral über den Impuls

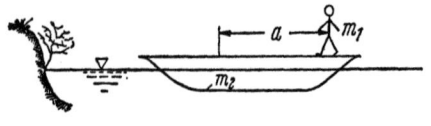

Fig. 5/3

des Mannes $m_1 \dfrac{ds_1}{dt}$ (s_1 sei der nach links gerichtete Absolutweg) getilgt werden durch das Zeitintegral über den Impuls des Bootes $m_2 \dfrac{ds_2}{dt}$ (s_2 der Weg des Bootes nach rechts). Aus

$$m_1 s_1 = m_2 s_2 \quad \text{mit} \quad s_1 = a - s_2 \quad (a \text{ gegeben}) \qquad (5.6)$$

folgt

$$m_1 s_1 = m_2 (a - s_1), \quad \text{d. h.} \quad s_1 = \frac{m_2}{m_1 + m_2} a. \qquad (5.6')$$

Es ist also $s_1 < a$, und nur wenn das Boot sehr schwer ist ($m_2 \gg m_1$) wird $s_1 \approx a$, d. h. nur dann kommt der Mann dem Ufer um den vollen Weg a näher.

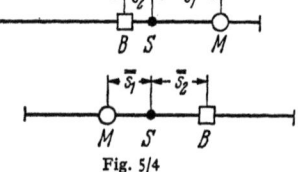

Fig. 5/4

Fig. 5/4 gibt eine andere Herleitung desselben Ergebnisses. Der Schwerpunkt S des Gesamtgebildes bewegt sich nicht (keine äußeren Kräfte). Der wirkliche Weg des Mannes ist

$$s_1 = \bar{s}_1 + \mathit{s}_1; \qquad (5.7)$$

die Strecke a setzt sich zusammen aus $\bar{s}_1 + \bar{s}_2 + \mathit{s}_1 + \mathit{s}_2$. Da die Abstände $\bar{s}_2$, s_2 des Bootsschwerpunktes B vom gemeinsamen Schwerpunkt S durch das Massenverhältnis festgelegt sind:

$$\frac{\bar{s}_2}{\bar{s}_1} = \frac{\mathit{s}_2}{\mathit{s}_1} = \frac{m_1}{m_2} \qquad (5.7')$$

wird

$$a = (\bar{s}_1 + \mathit{s}_1)\left(1 + \frac{m_1}{m_2}\right),$$

und daher

$$s_1 = \frac{m_2}{m_1 + m_2} a. \qquad [(5.6')]$$

§ 6. Dritte Umformung des Kräftesatzes: Energie

a) **Der Energiesatz.** Integriert man den Kräftesatz (2.1),

$$m \ddot{z} = K \quad (m = \text{const})$$

§ 6. Dritte Umformung des Kräftesatzes: Energie

über den Weg, so ergibt sich der Energie- oder Arbeitssatz:

$$\int m\ddot{x}\,dx = \int K\,dx. \qquad (6.1)$$

Die linke Seite läßt sich mit $\ddot{x} = \dot{v}$ und $dx = v\,dt$ in der Form

$$\int m\,v\,\dot{v}\,dt \equiv \int m\,v\,dv$$

schreiben und für $m = $ const allgemein integrieren. Man erhält

$$\frac{m}{2}v^2 - \frac{m}{2}v_0^2 = \int_{x_0}^{x} K\,d\xi \qquad (6.1')$$

in Worten:

Änderung der kinetischen Energie = Arbeit der Kraft

(den Ausdruck $\frac{m}{2}v^2$ nennt man die *kinetische Energie*).

Ist K als Funktion des Weges bekannt, so läßt sich das Integral rechts auswerten, und man erhält als „erstes Integral der Bewegungsgleichungen" einen Zusammenhang zwischen Geschwindigkeit und Weg

$$\frac{m}{2}v^2 - \frac{m}{2}v_0^2 = A(x) - A(x_0), \qquad (6.1'')$$

worin $A(x) = \int K\,dx$ das („unbestimmte") Arbeitsintegral ist.

Das Ergebnis (6.1') ist uns — mathematisch — von (1.5b) her schon bekannt. Das Hinzutreten des Faktors m auf beiden Seiten erlaubt uns aber nun, die Aussage als Energiebilanz physikalisch zu interpretieren. Da die Energieaussage eine unmittelbare Bedeutung hat, ist die Gl. (6.1') für die Anwendungen nützlicher, als man von einer rein mathematischen Umformung der Aussage (2.1) erwarten möchte.

Wir betrachten zunächst einige Kraftgesetze $K(x)$ in (6.1').

α) Wirkt eine Reibung R, so ist das Integral auf der rechten Seite negativ, weil R — ganz gleich, ob es dem Betrage nach von v abhängt

Fig. 6/1   Fig. 6/2

oder nicht — immer das entgegengesetzte Zeichen hat wie $dx = v\,dt$; es ist also $v^2 < v_0^2$, d. h., kinetische Energie wird zur Überwindung der Reibung verbraucht.

β) Wird K durch eine Feder ausgeübt,

$$K = -c\,x$$

(die Kraft ist dem Ausschlag x des Federendpunktes entgegengerichtet), so ergibt die Auswertung der rechten Seite von (6.1')

$$\frac{m}{2} v^2 - \frac{m}{2} v_0^2 = \frac{c}{2} x_0^2 - \frac{c}{2} x^2. \qquad (6.2)$$

Bringt man die veränderlichen Größen auf die linke, die Anfangsgrößen auf die rechte Seite, so entsteht

$$\frac{m}{2} v^2 + \frac{c}{2} x^2 = \frac{m}{2} v_0^2 + \frac{c}{2} x_0^2, \qquad (6.2')$$

und diese Gleichung läßt sich als Energieaussage deuten: Die Summe aus kinetischer Energie $T = \frac{m}{2} v^2$ und potentieller Energie der Formänderung $U = \frac{c}{2} x^2$ ist eine Konstante:

$$T + U = \text{const}. \qquad (6.2'')$$

Da $U = 0$ ist für $T = T_{\max}$, $T = 0$ für $U = U_{\max}$, folgt aus (6.2) die in der Schwingungslehre viel benutzte Formel

$$T_{\max} = U_{\max}. \qquad (6.3)$$

Zum Beispiel folgt für den Maximalausschlag des angestoßenen Schwingers ($x_0 = 0$, $v_0 \neq 0$) aus (6.2):

$$-\frac{m}{2} v_0^2 = -\frac{c}{2} x_{\max}^2, \qquad (6.3')$$

denn x erreicht das Maximum für $v = 0$. Aus dieser Beziehung folgt in Übereinstimmung mit (3.4b):

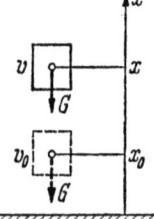

Fig. 6/3

$$x_{\max} = \frac{v_0}{\omega} \quad \left[x_0 = 0, \; \omega = \sqrt{\frac{c}{m}} \right]. \qquad (6.3'')$$

Setzt man (3.5'') voraus, so kann (6.3) umgekehrt dazu dienen ω zu bestimmen (s. Abschn. c).

γ) Ist K ein Gewicht G, und wird x vertikal nach oben gezählt (Fig. 6/3), so lautet (6.1'):

$$\frac{m}{2} v^2 - \frac{m}{2} v_0^2 = -G(x - x_0). \qquad (6.4)$$

Dieser Gleichung kann man auch die Form

$$\frac{m}{2} v^2 + G\,x = \frac{m}{2} v_0^2 + G\,x_0 \qquad (6.4')$$

§ 6. Dritte Umformung des Kräftesatzes: Energie

geben, und es liegt nahe, beide Seiten als Energiesummen zu deuten:

$$T + U = \text{const.} \quad (6.4'')$$

Die Größe U nennt man die potentielle Energie der Lage, aber es ist daran zu erinnern, daß sie im Gegensatz zu $\dfrac{c}{2} x^2$ nicht unmittelbar meßbar ist: Als Speicher fungiert nicht eine Feder, deren Längenänderung man beobachten kann, sondern das „Erdfeld" (dessen Potentiallinien durch die Anhebung des Körpers nicht meßbar verzerrt werden, sondern unverändert waagerecht verlaufen).

Die Deutung (6.4") ist gleichwohl für die Rechnung sehr zweckmäßig. Gleitet z. B. ein Körper (reibungslos) die schiefe Ebene (Fig. 6/4) hinab, so folgt aus (6.1'):

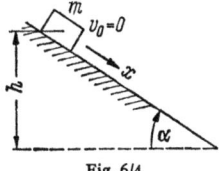

Fig. 6/4

$$\frac{m}{2} v^2 = \int_0^{\frac{h}{\sin\alpha}} K \, dx = G \sin\alpha \, \frac{h}{\sin\alpha} = G h.$$

Aus (6.4") ergibt sich das unmittelbar, denn $G h$ ist der Verlust an potentieller Energie.

$$T_{\text{unten}} = U_{\text{oben}}, \quad \text{weil} \quad T_{\text{oben}} = U_{\text{unten}} = 0.$$

Aus (6.4) folgt übrigens die aus der Schulphysik bekannte Formel für die Fallgeschwindigkeit:

$$v = \sqrt{2g\,h}. \quad (6.4^*)$$

b) Der (teil-)elastische Stoß. Wenn der Stoß, Fig. 6/5, elastisch, d. h. ohne bleibende Verformung der beiden Körper verläuft, geht keine Energie verloren. Das heißt zu dem Impulssatz (5.4)

$$m_1 w_1 + m_2 w_2 = m_1 v_1 + m_2 v_2, \quad (6.5\,\text{a})$$

der immer gelten muß, tritt für diesen besonderen Stoßvorgang der Energiesatz in der Form

Fig. 6/5

$$\frac{m_1}{2} w_1^2 + \frac{m_2}{2} w_2^2 = \frac{m_1}{2} v_1^2 + \frac{m_2}{2} v_2^2. \quad (6.5\,\text{b})$$

Die beiden Gln. (6.5) zusammen bestimmen w_1 und w_2. Die Rechnung wird am übersichtlichsten, wenn wir die Gleichungen umordnen:

$$m_1(w_1 - v_1) = m_2(v_2 - w_2), \quad \text{(a)}$$

$$m_1(w_1^2 - v_1^2) = m_2(v_2^2 - w_2^2); \quad \text{(b)}$$

daraus folgt $\quad w_1 + v_1 = v_2 + w_2,$

oder $\quad w_1 - w_2 = -(v_1 - v_2). \quad (6.6)$

In Worten: Beim elastischen Stoß bleibt die relative Geschwindigkeit der beiden Körper gegeneinander (die das Vorzeichen umkehrt) dem Betrage nach erhalten.

Um w_1 und w_2 auszurechnen, benutzt man am besten die beiden linearen Gln. (6.5a) und (6.6). Wir wollen diese Rechnung gleich verallgemeinern, indem wir in (6.6) einen Verlustfaktor einführen, die sog. Stoßzahl e,

$$0 \leq e \leq 1,$$

die zum Ausdruck bringt, daß die Energie beim wirklichen (teilelastischen) Stoß nicht erhalten bleibt, so daß sich die Relativgeschwindigkeit vermindert:

$$w_1 - w_2 = -(v_1 - v_2)\,e. \tag{6.6'}$$

Die Größe e kennzeichnet die Wechselwirkung zwischen den beiden Materialien 1 und 2; man bestimmt sie durch den Fallversuch (Fig. 6/6). Mit

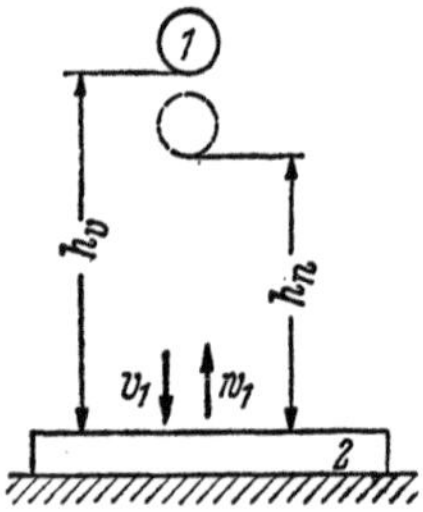

$$v_2 = w_2 = 0$$

folgt aus (6.6')

$$|w_1| = e\,|v_1|$$

oder wegen (6.4*):

d. h.

$$\sqrt{2g\,h_{\text{nach}}} = e\,\sqrt{2g\,h_{\text{vor}}}$$

$$e = \sqrt{h_n/h_v}.$$

Fig. 6/6

$e = 1$ kennzeichnet den vollelastischen, $e = 0$ den vollplastischen Stoß [$w_1 = w_2$ in (6.6')].

Die beiden Gleichungen zur Bestimmung von w_1 und w_2 sind jetzt 6.5a) und (6.6'), d. h.

$$\left.\begin{array}{c} m_1 w_1 + m_2 w_2 = m_1 v_1 + m_2 v_2, \\ w_1 - w_2 = e(v_2 - v_1). \end{array}\right\} \tag{6.7}$$

und

Daraus erhält man

$$\begin{aligned} w_1 &= \frac{m_1 - e\,m_2}{m_1 + m_2}\,v_1 + \frac{(1+e)\,m_2}{m_1 + m_2}\,v_2 \\ w_2 &= \frac{m_2 - e\,m_1}{m_1 + m_2}\,v_2 + \frac{(1+e)\,m_1}{m_1 + m_2}\,v_1, \end{aligned} \tag{6.7'}$$

wofür sich auch schreiben läßt

$$\begin{aligned} w_1 &= v_1 - \frac{(1+e)\,m_2}{m_1 + m_2}\,(v_1 - v_2), \\ w_2 &= v_2 + \frac{(1+e)\,m_1}{m_1 + m_2}\,(v_1 - v_2). \end{aligned} \tag{6.7''}$$

§ 6. Dritte Umformung des Kräftesatzes: Energie

Bei $e \neq 1$ tritt ein Energieverlust

$$\Delta E = \left(\frac{m_1}{2} v_1^2 + \frac{m_2}{2} v_2^2\right) - \left(\frac{m_1}{2} w_1^2 + \frac{m_2}{2} w_2^2\right)$$

ein, für den sich, wie der Leser nachrechnen möge, ergibt

$$\Delta E = \frac{1}{2} \frac{m_1 m_2}{m_1 + m_2} (1 - e^2)(v_1 - v_2)^2. \tag{6.7*}$$

c) Näherungsweise Berücksichtigung der schwingenden Federmasse. Der Energiesatz ist ein hervorragendes Mittel zur Gewinnung von Näherungslösungen bei Vorgängen, deren exakte Berechnung zu mühsam oder aus mathematischen Gründen unmöglich ist. Wenn wir den Einfluß der Federmasse [exakt masselose Federn gibt es natürlich nicht] auf die Eigenfrequenz ω erfassen wollen, so liefert uns die Gl. (6.3), d. h. die Energieaussage

$$T_{\max} = U_{\max},$$

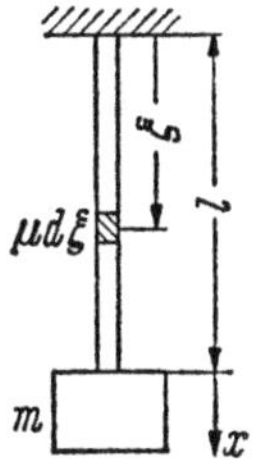

eine besonders bequeme Näherungsformel. Nehmen wir an, daß der Sinus-Charakter der Bewegung durch die Masse der Feder nur unwesentlich gestört wird, so gilt (6.3''), d. h.

Fig. 6/7

$$\omega x_{\max} = \dot{x}_{\max},$$

und wir haben nur $T_{\max}$ und $U_{\max}$ durch $\dot{x}_{\max}$ und $x_{\max}$ auszudrücken, um eine Formel für ω zu erhalten. Das geschieht auf Grund einer Näherungsannahme über die Verformung der Feder während der Schwingung: Wenn die Federverlängerung $u = u(\xi)$ [Fig. 6/7] *linear* vom festen zum bewegten Ende anwächst, wie unter der statischen Last $G = m g$, so hat die Masse $\mu d \xi$ jedes Federelementes $d \xi$ eine Geschwindigkeit

$$v(\xi) = \frac{\xi}{l} \dot{x}$$

[$\dot{x}$ die Geschwindigkeit des Federendpunktes, wo die Masse m sitzt]. Die kinetische Energie des Gesamtgebildes ist dann

$$T = \frac{m}{2} \dot{x}^2 + \frac{1}{2} \int_0^l \mu v^2 d\xi = \frac{\dot{x}^2}{2}\left(m + \frac{\mu l}{3}\right);$$

die potentielle Energie der Formänderung in der Feder wird nach II (5.2) wie für $\mu = 0$:

$$U = \frac{1}{2} \int_0^l EF\left(\frac{du}{d\xi}\right)^2 d\xi = \frac{EF x^2}{2 l^2} \int_0^l d\xi = \frac{c}{2} x^2 \quad \left(\text{wegen} \quad u(\xi) = \frac{\xi}{l} x\right),$$

und damit folgt aus (6.3) und (6.3'')

d. h.
$$\frac{1}{2}\omega^2 x_{\max}^2 \left(m + \frac{\mu l}{3}\right) = \frac{c}{2} x_{\max}^2$$

$$\omega^2 = \frac{c}{m^0} \quad \text{mit} \quad m^0 = m + \frac{\mu l}{3}.$$

Wenn die Federmasse also klein ist gegen m, so schlägt man $\mu l/3$ zu m zu, und erhält einen guten Näherungsausdruck für die Eigenfrequenz, einen sehr viel besseren jedenfalls, als wenn man so tut, als ob Federn keine Masse hätten. Erst für $\mu l > m$ wird, wie man in der Theorie der Schwingungen (Wellen) in kontinuierlichen Gebilden zeigt, der Ansatz $u \sim \xi$ unzulässig.

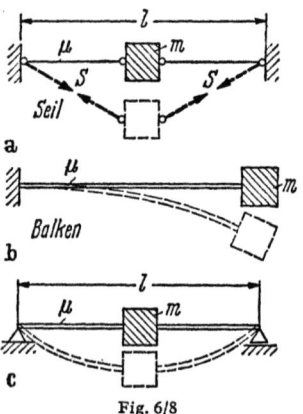

Fig. 6/8

Die m-Beziehung gilt auch für das Seil, da dort die Geschwindigkeitsverteilung ebenfalls linear ist, wie Fig. 6/8a anschaulich macht. Für die Biegeschwingungen der Balken b) und c) ergeben sich andere Korrekturglieder. Sitzt die Masse m am *Ende* eines Balkens, so erhält man

$$m^0 \approx m + \tfrac{1}{4}\mu l.$$

Sitzt die Masse in der Mitte eines beiderseits gelenkig gelagerten Balkens, so erhält man

$$m^0 \approx m + \tfrac{1}{2}\mu l,$$

Ergebnisse, die, wenn man die Ausbiegungsformen 6/8 betrachtet, plausibel sind.

d) Leistung und Wirkungsgrad. Mit der Energie hängt eng zusammen ein anderer für die Maschinentechnik wichtiger Begriff: die *Leistung*. Leistung L ist Arbeit/Zeiteinheit, genauer

$$L = \frac{dA}{dt}. \tag{6.8}$$

Wegen $A = \int K\, dx = \int K \dot{x}\, dt$ gilt auch

$$L = K \dot{x}, \tag{6.8'}$$

Leistung = Kraft × Geschwindigkeit.

Für die Beurteilung einer Maschine ist die Leistung ein ungleich wichtigeres Kennzeichen, als die von ihr gelieferte Arbeit, denn es kommt erheblich darauf an, in welcher Zeit eine gewisse Arbeit gewonnen werden kann.

Die Arbeit ergibt sich aus der Leistung durch Integration über die Zeit:

$$A = \int L\, dt. \tag{6.8*}$$

Die Leistung wird in der Technik gemessen in Pferdestärken:

$$1\ \text{PS} = 75\ \text{mkp/sec}\ [\sim 1\ \text{hp}]$$

Im elektrischen Maßsystem ist Watt (Volt × Ampere) die Einheit der Leistung:

$$1\ \text{PS} = 735\ \text{W} \approx \tfrac{3}{4}\ \text{kW}.$$

Als *Wirkungsgrad* einer Maschinenanlage bezeichnet man das Verhältnis von abgegebener Leistung L_a („Ausgang") zur hineingesteckten Leistung L_e („Eingang")

$$\eta = \frac{L_a}{L_e}. \tag{6.9}$$

Wenn die Maschine gleichmäßig läuft, so daß L sich mit der Zeit nicht ändert, kann man den Wirkungsgrad auch definieren als das Verhältnis η von abgegebener zu hineingesteckter Arbeit:

$$\bar{\eta} = \frac{\int L_a\, dt}{\int L_e\, dt} = \frac{A_a}{A_e}. \tag{6.9*}$$

Bei $L \neq$ const ist $\bar{\eta}$ ein Zeitmittelwert über $\eta = \eta(t)$. η ist immer <1, denn bei jeder Energieumwandlung entstehen Verluste (im allgemeinen in Form von Wärme).

Aufgaben zu A

1. Das Ende A eines Balkens AB der Länge l bewegt sich mit konstanter Geschwindigkeit v_0 auf dem horizontalen Boden, das Ende B gleitet an einer senkrechten Wand; die Bewegung beginnt aus der senkrechten Lage ($x_0 = 0$). Man ermittle Lage $\overline{OB} = y(t)$, Geschwindigkeit $\dot{y}(t)$, Beschleunigung $\ddot{y}(t)$ des Punktes B und stelle sie in einem Diagramm dar.

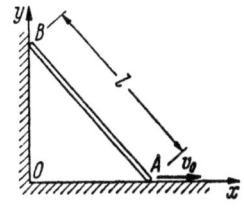

Lösung:

$$y(t) = l\sqrt{1 - \left(\frac{v_0 t}{l}\right)^2}$$

$$\dot{y}(t) = -v_0 \frac{1}{\sqrt{\left(\frac{l}{v_0 t}\right)^2 - 1}}$$

$$\ddot{y}(t) = -\frac{v_0^2}{l} \frac{1}{\sqrt{\left[1 - \left(\frac{v_0 t}{l}\right)^2\right]^3}}.$$

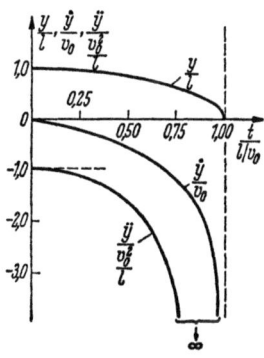

2. Für die Beschleunigung gelte das Gesetz: $b = \alpha^2 x$ ($\alpha =$ const). Die Anfangsbedingungen seien:

  1. $t = 0$: $x = x_0$, $v = 0$,
  2. $t = 0$: $x = 0$, $v = v_0$.

Man bestimme für beide Fälle:

  a) $v = v(x)$; b) $x = x(t)$; c) $v = v(t)$.

Lösung:

1. a) $v(x) = \alpha \sqrt{x^2 - x_0^2}$,
    b) $x(t) = x_0 \cosh \alpha\, t$,
    c) $v(t) = \alpha x_0 \sinh \alpha\, t$.

2. a) $v(x) = \sqrt{\alpha^2 x^2 + v_0^2}$,
    b) $x(t) = \dfrac{v_0}{\alpha} \sinh \alpha\, t$,
    c) $v(t) = v_0 \cosh \alpha\, t$.

3. **Faustregel aus der Fahrschule:** Man erhält den Bremsweg s eines mit blockierten Rädern rutschenden Fahrzeugs in Metern, wenn man die Fahrtgeschwindigkeit v (gegeben in km/h) durch 10 dividiert und dann quadriert.

Für welchen Reibungskoeffizienten μ stimmt diese Regel?

Lösung:
$$\mu = \frac{v^2}{2g\,s} = 0{,}394.$$

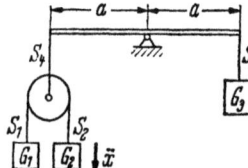

4. An einem Waagebalken (masselos) hängt im Abstand a vom Drehpunkt eine Rolle (masselos, reibungsfrei) mit zwei zunächst gleichen Gewichten $G_1 = G_2 = G$. Nun wird ein Teil ΔG des Gewichtes G_1 auf G_2 gelegt.

a) Wie groß muß G_3 gewählt werden, damit der Waagebalken im Gleichgewicht bleibt?

b) Wie groß sind in diesem Fall die Seilkräfte $S_1 \ldots S_4$?

c) Wie groß ist die Beschleunigung $\ddot{x}_s$ des gemeinsamen Schwerpunktes der Gewichte G_1 und G_2?

Lösung:

a) $G_3 = 2G\left(1 - \left(\dfrac{\Delta G}{G}\right)^2\right)$,

b) $S_1 = S_2 = G\left(1 - \left(\dfrac{\Delta G}{G}\right)^2\right)$,

$S_3 = S_4 = 2 S_1$,

c) $\ddot{x}_s = g\left(\dfrac{\Delta G}{G}\right)^2$.

Aufgaben zu A

5. Eine Kugel (Durchmesser d, Volumen V, spez. Gewicht γ_K) sinkt in einer zähen Flüssigkeit (spez. Gewicht $\gamma_F = 0{,}5\gamma_K$) nach unten. Hierbei wirke auf sie außer dem Auftrieb $A = \gamma_F V$ eine Widerstandskraft, die proportional der Geschwindigkeit $v(t)$ und dem Kugeldurchmesser d sei; Proportionalitätsfaktor k [kp sec/cm²].

a) Wie groß ist der Grenzwert v_E, dem sich die Sinkgeschwindigkeit $v(t)$ der Kugel nähert?

b) Wie verläuft $v(t)$, wenn die Kugel (in vollständig untergetauchtem Zustand) ihre Bewegung zur Zeit $t = 0$ mit $v = v_0$ beginnt, falls

① $v_0 < v_E$,

② $v_0 > v_E$ ist? (Diagramme zeichnen.)

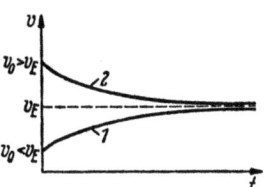

Lösung:

a) $v_E = \dfrac{\gamma_k V}{2 k d}$,

b) $v(t) = v_E + (v_0 - v_E) e^{-\dfrac{g t}{2 v_E}}$.

6. Ein masseloser, elastischer Balken (Biegesteifigkeit EI, Länge l), der auf zwei Federn gelagert ist (Federsteifigkeiten c) trägt in $l/3$ eine Punktmasse m.

Wie groß ist die Schwingungsdauer T des Systems?

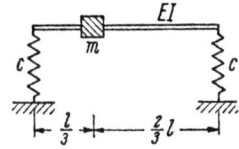

Lösung:

$$T = 2\pi \sqrt{m\left(\dfrac{5}{9}\dfrac{1}{c} + h_B\right)}$$

mit $h_B = \dfrac{4}{243}\dfrac{l^3}{EI}$.

7. Eine Masse m hängt an einem masselosen *elastischen Seil* (Dehnsteifigkeit EF, Länge l). x wird von der statischen Gleichgewichtslage aus nach unten positiv gezählt.

a) Wie sieht der Schwingungsverlauf $x(t)$ aus, wenn der Körper zur Zeit $t = 0$ mit der kleinen Anfangsauslenkung x_0 aus der Ruhe ($v_0 = 0$) losgelassen wird?

b) Wie groß darf x_0 höchstens sein ($\tilde{x}_0$), wenn das Seil stets gespannt bleiben, d. h. eine harmonische Schwingung eintreten soll?

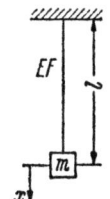

Lösung:

a) $x(t) = x_0 \cos\omega\, t$ mit $\omega = \sqrt{\dfrac{EF}{m l}}$,

b) $\tilde{x}_0 = \dfrac{m g l}{EF}$.

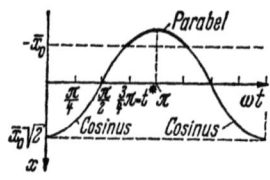
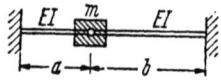

8. Die Anfangsauslenkung x_0 von Aufgabe 7 sei $x_0 = \bar{x}_0 \sqrt{2}$, also größer $\bar{x}_0$.

Man bestimme

a) den Bewegungsablauf $x_1(t_1)$ bis zur Zeit t^*, zu der das Seil spannungslos wird,

b) die Geschwindigkeit v^* zur Zeit t^*,

c) die Bewegung $x_2(t_2)$ während das Seil spannungslos ist.

d) Man skizziere den gesamten Bewegungsablauf $x(t)$.

Lösung:

a) $x_1(t_1) = \bar{x}_0 \sqrt{2} \cos\omega\, t_1$,

b) $v^* = -\omega\, \bar{x}_0$,

c) $x_2(t_2) = -\bar{x}_0 - \omega\, \bar{x}_0\, t_2 + \tfrac{1}{2} g\, t_2^2$.

9. Zwei Kragträger mit gleicher Biegesteifigkeit $EI = 7{,}2 \cdot 10^6$ kp cm^2 und verschiedenen Längen ($a = 20$ cm, $b = 30$ cm) sind gelenkig miteinander verbunden. Im Gelenkpunkt sitzt eine Masse

$$m = 35{,}5 \cdot 10^{-3} \text{ kp sec}^2/\text{cm}.$$

a) Wie groß ist die Eigenkreisfrequenz ω des Systems?

b) Wie groß sind Amplituden A und Phasenwinkel γ der freien Schwingung, wenn die Bewegung zur Zeit $t = 0$ mit der Anfangsauslenkung $x_0 = 0{,}5$ cm und der Anfangsgeschwindigkeit $\dot{x}_0 \equiv v_0 = 2{,}72$ m/sec beginnt?

Lösung:

a) $\omega = \sqrt{\dfrac{3EI}{m}\left(\dfrac{1}{a^3} + \dfrac{1}{b^3}\right)} = 3{,}14 \cdot 10^2$ sec^{-1},

b) $A = \sqrt{x_0^2 + \left(\dfrac{v_0}{\omega}\right)^2} = 1{,}0$ cm,

$\gamma = \arctan \dfrac{v_0}{\omega\, x_0} = 60°$.

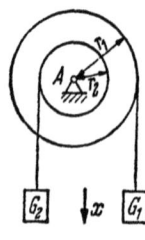

10. Zwei starr miteinander verbundene konzentrische Rollen (Radien r_1, r_2) sind in A reibungsfrei gelagert. Wie groß sind die Beschleunigungen b_1 und b_2 der beiden Gewichte G_1 und G_2? (Seile undehnbar und masselos, Rollen masselos.)

Lösung:

$$b_1 = g\, \dfrac{m_1 - \dfrac{r_2}{r_1} m_2}{m_1 + \left(\dfrac{r_2}{r_1}\right)^2 m_2}, \quad b_2 = -\dfrac{r_2}{r_1} b_1.$$

11. Ein Flaschenzug trägt an der losen Rolle ein Gewicht G_1, an dem freien Ende ein Gewicht $G_2 = G_1$, das auf einer schiefen Ebene reibungsfrei gleiten kann. (Die Massen der Rollen und der Seile seien vernachlässigbar.)

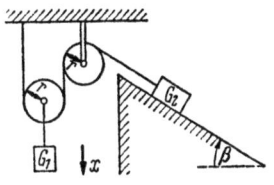

a) Für welchen Winkel $\beta = \beta_1$ herrscht Gleichgewicht?

b) Wie groß ist die Beschleunigung b_1 von G_1, wenn die schiefe Ebene unter dem Winkel $\beta = 2\beta_1$ geneigt ist?

c) Wie groß ist in diesem Fall die Seilkraft S?

Lösung:

a) $\beta_1 = \arcsin \tfrac{1}{2} = 30°$,

b) $b_1 = g\,\dfrac{1 - 2\sin\beta}{5} = -g\,\dfrac{1}{5}(\sqrt{3} - 1)$,

c) $S = \tfrac{1}{2} G_1 \left(1 - \dfrac{b_1}{g}\right) = G_1\,\dfrac{1}{10}(4 + \sqrt{3})$.

12. Man berechne die Beschleunigungen b_1, b_2 und b_3 der drei Gewichte G_1, G_2, G_3, die sich wie $3:2:1$ verhalten. (Rollen reibungsfrei gelagert und masselos, Seile masselos und undehnbar.)

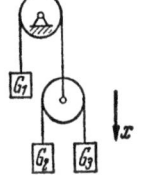

Lösung:

$b_1 = \dfrac{1}{17} g, \quad b_2 = \dfrac{5}{17} g, \quad b_3 = -\dfrac{7}{17} g$.

13. Ein Mann (Gewicht G), der in einem Boot I (Gewicht Q_1) sitzt, zieht plötzlich (Kraftstoß $\hat{K}$ gegeben) an einem Seil, an dem ein zweites Boot II (Gewicht Q_2) hängt.

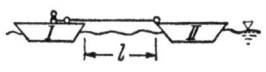

a) Mit welcher Relativgeschwindigkeit w bewegen sich die Boote aufeinander zu, wenn sie vorher in Ruhe waren?

b) Nach welcher Zeit t stoßen die Boote zusammen, wenn die Entfernung der Bootsspitzen vor dem Stoß l war (keine Reibung)?

Zahlenwerte:

$G = 80$ kp, $Q_1 = 220$ kp, $Q_2 = 240$ kp,

$\hat{K} = 30$ kp sec, $l = 27$ m.

Lösung:

a) $w = g\,\hat{K}\left(\dfrac{1}{G + Q_1} + \dfrac{1}{Q_2}\right) = 2{,}21\,\dfrac{\text{m}}{\text{sec}}$

b) $t = \dfrac{l}{w} = 12{,}2$ sec.

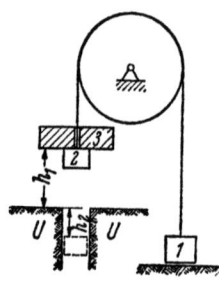

14. Eine Fallmaschine trägt die Körper ① und ② mit den Massen m_1 und m_2 ($m_1 > m_2$). In der Ruhelage h_1 wird eine Scheibe ③ mit der Masse m_3 auf den Körper ② gelegt, wobei $(m_2 + m_3) > m_1$ ist. (Rolle und Seil sind masselos, das Seil undehnbar.)

a) Mit welcher Geschwindigkeit v_1 trifft die Scheibe ③ auf die Unterlage U auf?

b) Wie weit (h_2) bewegt sich der Körper ② noch nach unten, nachdem die Scheibe ③ durch U festgehalten wurde?

c) Mit welcher Geschwindigkeit v_2 stößt der Körper ② von unten wieder an die Scheibe ③ an?

d) Wie hoch (h_3) werden die Körper ② und ③ gehoben, wenn auch dieser Stoß vollkommen plastisch ist?

Lösung:

a) $v_1 = \sqrt{2g\, h_1 \dfrac{m_2 + m_3 - m_1}{m_1 + m_2 + m_3}}$,

b) $h_2 = h_1 \dfrac{(m_1 + m_2)(m_2 + m_3 - m_1)}{(m_1 - m_2)(m_1 + m_2 + m_3)}$,

c) $v_2 = v_1$,

d) $h_3 = h_1 \left(\dfrac{m_1 + m_2}{m_1 + m_2 + m_3} \right)^2$.

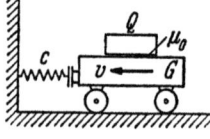

15. Beim Auffahren eines Güterwagens (Gewicht G) auf einen Prellbock (Federsteifigkeit c) kommt eine auf der rauhen Plattform (Haftungskoeffizient μ_0) liegende flache Kiste (Gewicht Q) ins Rutschen. Wie groß ist die Geschwindigkeit v des Wagens beim Aufprall mindestens gewesen? (Masse der Räder und des Prellbockpuffers ist vernachlässigbar.)

Lösung:
$$v \geq \mu_0 \sqrt{\dfrac{Q+G}{c} g}.$$

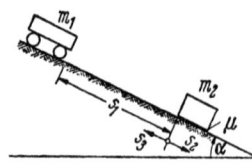

16. Ein Wagen (Masse m_1) rollt aus dem Stillstand ohne Reibungsverluste die Strecke s_1 einer um den Winkel α geneigten Ebene hinab und stößt vollkommen elastisch auf einen ruhenden Klotz (Masse $m_2 > m_1$). Der Reibungskoeffizient zwischen Ebene und Klotz sei μ ($\mu_0 > \mu > \tan\alpha$).

a) Welchen Weg s_2 rutscht der Klotz nach unten, bevor er wieder zur Ruhe kommt?

b) Welche Strecke s_3 läuft der Wagen zurück?
c) Was ergibt sich für s_2 im Falle $\mu = \tan\alpha$?

Lösung:

a) $s_2 = s_1 \dfrac{4 m_1^2}{(m_1 + m_2)^2} \dfrac{\tan\alpha}{\mu - \tan\alpha};$

b) $s_3 = s_1 \left(\dfrac{m_2 - m_1}{m_1 + m_2}\right)^2;$

c) $s_2 = \infty.$

17. Eine Kugel (Masse m_1) stößt mit der Geschwindigkeit v_1 elastisch gegen eine ruhende Kugel (Masse m_2); diese zweite Kugel trifft dann elastisch auf eine dritte ruhende Kugel (Masse m_3, $m_1 < m_2 < m_3$). Die Mittelpunkte aller Kugeln liegen auf einer Geraden.

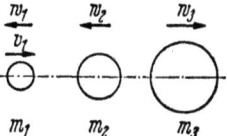

a) Mit welcher Geschwindigkeit w_1 fliegt m_1 zurück?
b) Welche Geschwindigkeit w_2 hat m_2 nach dem Stoß mit m_3?
c) Mit welcher Geschwindigkeit w_3 fliegt m_3 fort?
d) Wie groß muß m_2 gemacht werden, damit bei gegebenem m_1 und m_3 die Geschwindigkeit w_3 am größten wird?
e) Wie groß wird dann w_3? (Probe: für $m_1 = m_2 = m_3$ folgt?)
f) Wie groß wird w_3, wenn der Stoß von m_2 gegen m_3 mit einer Stoßzahl e erfolgt?
Zahlenwerte: $m_2 = 2 m_1$, $m_3 = 3 m_1$, $e = 0,5$.

Lösung:

a) $w_1 = v_1 \dfrac{m_2 - m_1}{m_1 + m_2} = \dfrac{1}{3} v_1;$

b) $w_2 = v_1 \dfrac{2 m_1 (m_3 - m_2)}{(m_1 + m_2)(m_2 + m_3)} = \dfrac{2}{15} v_1;$

c) $w_3 = v_1 \dfrac{4 m_1 m_2}{(m_1 + m_2)(m_2 + m_3)} = \dfrac{8}{15} v_1;$

d) $m_2 = \sqrt{m_1 m_3} = \sqrt{3}\, m_1;$

e) $w_3 = v_1 \dfrac{4}{\left(1 + \sqrt{\dfrac{m_3}{m_1}}\right)^2} = 0{,}525 v_1$

(Probe: $w_3 = v_1$);

f) $w_3 = v_1 \dfrac{2(1 + e)\, m_1 m_2}{(m_1 + m_2)(m_2 + m_3)} = \dfrac{2}{5} v_1.$

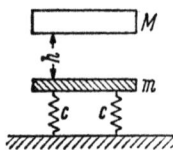

18. Zwei Federn (Federsteifigkeiten c) tragen eine Platte (Masse m). Auf diese fällt aus der Höhe h eine weitere Platte M; vollplastischer Stoß.
a) Mit welcher Frequenz ω schwingt das System?
b) Wie groß ist die Amplitude A?
c) Nach welcher Zeit t_1 (vom Stoß aus gerechnet) wird die neue Schwingungsnullage erstmalig erreicht?

Lösung:

a) $\omega = \sqrt{\dfrac{2c}{m+M}}$;

b) $A = \dfrac{M\sqrt{gh}}{\sqrt{c(m+M)}}\sqrt{1 + \dfrac{g(m+M)}{4ch}}$;

c) $t_1 = \dfrac{1}{\omega}\arcsin\dfrac{x_0}{A}$ mit $x_0 = \dfrac{Mg}{2c}$.

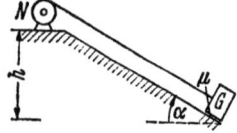

19. Eine Winde (Leistung N) zieht die Last G eine unter α geneigte Ebene hinauf (Reibungskoeffizient μ). Welche Zeit t vergeht, bis sich die Last um h gehoben hat? (Annahme: gleichförmige Bewegung.)
Zahlenwerte: $N = 4$ PS, $G = 10$ t, $h = 5$ m, $\alpha = 45°$, $\mu = 0{,}2$.

Lösung:
$$t = \frac{Gh}{N}\left(1 + \frac{\mu}{\tan\alpha}\right) = 200 \text{ sec}.$$

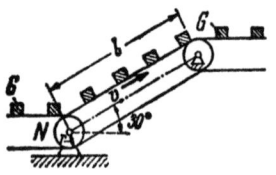

20. Ein Förderband von der Länge l und der Neigung 30° wird über eine Antriebswalze mit dem Radius r von einem Elektromotor mit der Geschwindigkeit v gleichförmig bewegt. n Kisten vom Gewicht G werden gleichzeitig auf dem Band nach oben befördert. Die Verlustarbeit (Lagerreibung) beträgt pro Umdrehung der Antriebswalze A.
Wie groß ist die Leistung des Elektromotors?

Lösung:
$$N = nGv\sin 30° + \frac{vA}{2\pi r}.$$

B. Krummlinige Bewegung des Massenpunktes

§ 7. Kinematik der krummlinigen Bewegung

a) Bewegung auf dem Kreis; Drehgeschwindigkeit und Drehbeschleunigung, der Vektor der Beschleunigung. Die einfachste krummlinige Bewegung ist die Bewegung auf dem Kreis. Die *Geschwindigkeit* definieren wir wie in § 1; ist Δs das in der Zeit Δt durchlaufene Bogenstück, so nennen wir

$$v_m = \frac{\Delta s}{\Delta t}$$

die mittlere Geschwindigkeit, und in der Grenze $\Delta t \to 0$ wird daraus die „Bahngeschwindigkeit"

$$v = \frac{ds}{dt} \equiv \dot{s}. \tag{7.1}$$

Bei der krummlinigen Bewegung wird der *Vektor*charakter der Geschwindigkeit wesentlich. Gl. (7.1) gibt nur den Betrag des Geschwindigkeitsvektors an. Seine Richtung ist — allgemein — die der Tangente an die Bahnkurve, hier an den Kreis.

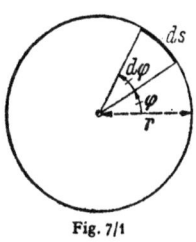

Fig. 7/1

Einer der wichtigsten Begriffe für die Kinematik der krummlinigen Bewegung ist die *Drehgeschwindigkeit*. Ist r der Radius des Kreises, $d\varphi$ der Zentriwinkel, so ist $ds = r\, d\varphi$, und aus (7.1) wird

$$v = r \frac{d\varphi}{dt}.$$

Die Größe

$$\omega = \frac{d\varphi}{dt} \equiv \dot{\varphi} \tag{7.1'}$$

heißt Winkel- oder Drehgeschwindigkeit. In Kap. D wird sich $\dot{\varphi}$ als die die Drehbewegung des *Körpers* charakterisierende Größe erweisen.

Daß die Kinematik der ebenen Bewegung eine Kinematik von Vektoren ist, wird bei der Geschwindigkeit noch nicht *voll* sichtbar: Da die Geschwindigkeitsrichtung sozusagen „selbstverständlich" ist, kann man durch eine Kurve $s = s(t)$ [oder $\varphi = \varphi(t)$] mit ihrer Ableitung $\dot{s} = v(t)$ [oder $\dot{\varphi} = \omega(t)$] den Bewegungsablauf schildern. Das wird anders, wenn wir die Frage nach der *Beschleunigung* stellen. Wohl erweist sich dv/dt als die Bahnbeschleunigung, die sich mit Hilfe der Winkelbeschleunigung $\ddot{\varphi}$ in der Form

$$r\, \ddot{\varphi} = r\, \dot{\omega} = \dot{v} \tag{7.1''}$$

schreiben läßt, aber diese Beschleunigung ist nur ein Teil der Gesamtbeschleunigung. Da nämlich der Vektor der Geschwindigkeit nicht nur seinen Betrag, sondern auch seine Richtung ändert, und da unter dem Vektor der Beschleunigung $\mathfrak{b}$ verstanden werden muß die Gesamtänderung des Geschwindigkeitsvektors

$$\mathfrak{b} = \frac{d\mathfrak{v}}{dt} \equiv \dot{\mathfrak{v}}, \qquad (7.2)$$

so tritt neben $\dot{v}$ eine zweite Beschleunigungskomponente. Wir vergleichen die beiden Nachbarvektoren $\mathfrak{v}_1$ und $\mathfrak{v}_2$ in Fig. 7/2. Den Unterschied erhalten wir, wenn wir die Anfangspunkte von $\mathfrak{v}_2$ und $\mathfrak{v}_1$ zusammenfallen lassen ($\mathfrak{v}_2 \to \mathfrak{v}_2^*$, in der Fig. 7/2 ist $\varDelta \mathfrak{v}$ also der Vektor vom Endpunkt von $\mathfrak{v}_1$ zum Endpunkt von $\mathfrak{v}_2^*$). $\varDelta \mathfrak{b}$ hat 2 Komponenten

$$\varDelta v_t = v_2 \cos \varDelta \varphi - v_1$$

in Richtung von $\mathfrak{v}_1$, und

$$\varDelta v_n = v_2 \sin (\varDelta \varphi)$$

senkrecht dazu. Aus dem ersten Ausdruck wird in der Grenze $\varDelta \varphi \to 0$

$$v_2 - v_1 \equiv dv,$$

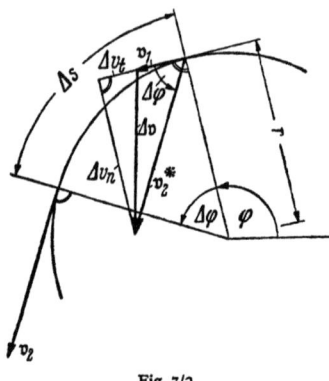

Fig. 7/2

die Änderung der Bahngeschwindigkeit, d. h. wir erhalten als Beschleunigung in Richtung der Bahn (-Tangente)

$$b_t = \frac{dv}{dt} \equiv \dot{v}; \qquad (7.2')$$

aus dem zweiten Ausdruck wird $v_2\, d\varphi$, d. h. es ergibt sich als Beschleunigung in Richtung der (inneren) Normalen

$$b_n = v\, \dot{\varphi}, \qquad (7.2'')$$

wofür wir wegen $v = r\, \dot\varphi$ wahlweise auch

$$r\, \dot\varphi^2 \quad \text{oder} \quad \frac{v^2}{r}$$

schreiben können.

Das Ergebnis (7.2') und (7.2''), [das nicht nur für die Kreisbewegung, sondern, wie wir sehen werden, für jede krummlinige Bewegung gilt] kann man auch durch formale Ausführung der in (7.2) geforderten Differentiation erhalten. Wir führen den *Einheits*vektor $\mathfrak{e}_t$ in Richtung der Tangente ein durch

$$\mathfrak{v} = v\, \mathfrak{e}_t;$$

dann fordert (7.2)

$$\mathfrak{b} = \dot{\mathfrak{v}} = \dot{v}\, \mathfrak{e}_t + v\, \dot{\mathfrak{e}}_t.$$

§ 7. Kinematik der krummlinigen Bewegung

Der erste Teil dieses Ergebnisses stimmt mit (7.2') schon überein; um die Übereinstimmung des zweiten zu zeigen, müssen wir überlegen, was unter $\dot{e}_t$ zu verstehen ist. Führt man den Zentriwinkel φ als Zwischenveränderliche ein, so ist

$$\dot{e}_t \equiv \frac{d}{dt}(e_t) = \frac{d}{d\varphi}(e_t)\frac{d\varphi}{dt} = \dot{\varphi}\frac{de_t}{d\varphi}$$

(7.3)

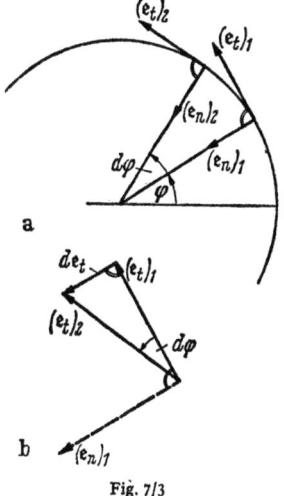

Da e_t ein Vektor festen Betrages ist (Betrag 1), steht $de_t = (e_t)_2 - (e_t)_1$ in der Grenze $d\varphi \to 0$ senkrecht auf e_t (Fig. 7/3); de_t fällt also in die Richtung der Normalen e_n und hat den Betrag $|de_t| = 1\, d\varphi$ („Bogen" = Radius × Winkel); d. h. im ganzen ergibt sich

$$\dot{e}_t = \dot{\varphi}\, e_n.$$

(7.3')

Damit haben wir die b-Formel [Zusammenfassung von (7.2'), (7.2'')]

Fig. 7/3

$$\mathfrak{b} = \dot{v}\, e_t + v\,\dot{\varphi}\, e_n = \dot{v}\, e_t + \frac{v^2}{r}\, e_n \quad (7.3^*)$$

b) Krummlinige Bewegung allgemein; die natürlichen Komponenten von Geschwindigkeit und Beschleunigung. Wenn der Punkt eine beliebige Kurve in der Ebene beschreibt, so wird seine Bewegung in cartesischen Koordinaten wiedergegeben durch das Gleichungspaar

$$x = x(t), \quad y = y(t),$$

vektoriell zusammengefaßt:

$$\mathfrak{r} = \mathfrak{r}(t) \quad \text{mit} \quad \mathfrak{r} = x\,\mathfrak{i} + y\,\mathfrak{j}.^*$$

Es wäre wenig anschaulich, den Bewegungsverlauf durch 2 Tafeln $x(t)$, $y(t)$ darzustellen. Man zeichnet daher die Bahnkurve, oder den *Ortsplan*, indem man den Ortsvektor $\mathfrak{r}(t)$ von einem Punkt O aus anträgt (die Spitzen der Vektoren $\mathfrak{r}$ beschreiben die Kurve $x(t)$, $y(t)$), und zusätzlich den Zeitablauf kennzeichnet. Das geschieht, entweder indem man an den Bahnpunkten die Zeiten bzw. (was auf dasselbe hinausläuft) die Geschwindigkeiten markiert, oder — sehr viel anschaulicher — indem man zum Ortsplan (zur Bahnkurve) den *Geschwindigkeitsplan* fügt.

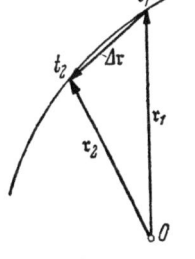

Fig. 7/4

---

* Im Raum käme noch eine dritte Komponente $z\,\mathfrak{k}$ dazu.

B. Krummlinige Bewegung des Massenpunktes

Zunächst zur Definition der Geschwindigkeit. Wie bei der gradlinigen Bewegung gilt für den Betrag

$$\text{mittlere Geschwindigkeit } v_m = \frac{\Delta s}{\Delta t};$$

in der Grenze $t_2 \to t_1 \equiv t$ wird daraus

$$v(t) = \frac{ds}{dt}.$$

Die Richtung der Geschwindigkeit ist, wie der Grenzübergang $t_2 \to t_1$ in Fig. 7/4 zeigt, die des Einheitsvektors e_t der Tangente an die Bahnkurve. Da $\Delta \mathfrak{r}$ in der Grenze $\Delta \mathfrak{r} \to 0$ die Richtung e_t hat, können wir für den Vektor $\mathfrak{v}$ schreiben

$$\mathfrak{v} = \frac{d\mathfrak{r}}{dt} \equiv \dot{\mathfrak{r}} \quad \text{oder} \quad \mathfrak{v} = \frac{ds}{dt} e_t \equiv \dot{s}\, e_t.$$

Formal erhält man das letzte Ergebnis, indem man s als Zwischenveränderliche einführt:

$$\mathfrak{v} = \dot{\mathfrak{r}} \equiv \frac{d\mathfrak{r}}{dt} = \frac{d\mathfrak{r}}{ds}\frac{ds}{dt} = e_t \frac{ds}{dt} = v\, e_t. \tag{7.4}$$

(Wegen $|d\mathfrak{r}| = ds$ ist e_t ein Einheitsvektor.)

Den *Geschwindigkeitsplan* erhält man nun, indem man $\mathfrak{v}$ (wie

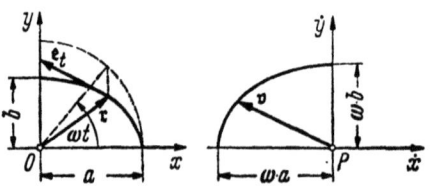

Fig. 7/5

vorher $\mathfrak{r}$) von einem Punkt P aus anträgt. [P ist der „Pol des Geschwindigkeitsplanes".] Wir zeigen das an einigen Beispielen:

1. *Beispiel:* Ortsplan sei die Ellipse Fig. 7/5a

$$\left(\frac{x}{a}\right)^2 + \left(\frac{y}{b}\right)^2 = 1,$$

die nach dem Zeitgesetz

$$x = a \cos \omega t,$$
$$y = b \sin \omega t$$

durchlaufen werde, mit $\omega = $ const. Zu dem Ortsvektor

$$\mathfrak{r}(t) = x(t)\, \mathfrak{i} + y(t)\, \mathfrak{j}$$

gehört der Geschwindigkeitsvektor

$$\mathfrak{v}(t) = \dot{x}(t)\, \mathfrak{i} + \dot{y}(t)\, \mathfrak{j}$$

§ 7. Kinematik der krummlinigen Bewegung

mit
$$\dot{x} = -\omega a \sin\omega t,$$
$$\dot{y} = +\omega b \cos\omega t.$$

In einem $\dot{x}$–$\dot{y}$-System ergibt sich die Kurve
$$\left(\frac{\dot{x}}{\omega a}\right)^2 + \left(\frac{\dot{y}}{\omega b}\right)^2 = 1,$$
die in Fig. 7/5b dargestellt ist. Die Zuordnung der Kurvenpunkte wird durch die Bedingung

$$\mathfrak{v} \parallel \mathfrak{e}_t$$

hergestellt; der Geschwindigkeitsplan gibt in übersichtlicher Weise den Betrag von $\mathfrak{v}$ an, zeigt also, wie der Massenpunkt die $\mathfrak{r}$-Kurve (hier die x–y-Ellipse) durchläuft: Zum Beispiel ist die Bahngeschwindigkeit v am kleinsten, wenn der Ortsvektor mit der großen, am größten, wenn er mit der kleinen Achse zusammenfällt.

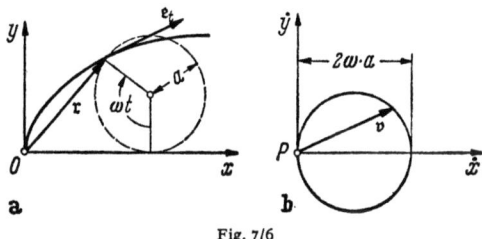

Fig. 7/6

2. Beispiel: Ein Punkt des auf der x-Achse rollenden Kreises beschreibt eine Zykloide. Bei konstanter Drehgeschwindigkeit ω ist ωt der Rollwinkel, und die Parameterdarstellung der Bahnkurve lautet
$$x = a(\omega t - \sin\omega t),$$
$$y = a(1 - \cos\omega t).$$
Für die Komponenten der Geschwindigkeit ergibt sich
$$\dot{x} = a\omega(1 - \cos\omega t), \quad \dot{y} = a\omega \sin\omega t.$$
Der Geschwindigkeitsplan ist also ein Kreis mit dem Pol P im linken Scheitel. Die Fig. 7/6b macht z. B. unmittelbar anschaulich, daß der Laufpunkt die x-Achse vertikal mit der Geschwindigkeit Null trifft.

Der Geschwindigkeitsplan („Hodograph") ist also so etwas wie eine zweite Tafel im Sinne der Darstellenden Geometrie; aus der ersten, dem Ortsplan, entnimmt man von den 4 Veränderlichen (Betrag und Richtung von $\mathfrak{r}$, $\mathfrak{v}$) drei, die beiden Bestimmungsstücke für $\mathfrak{r}$ und die Richtung von $\mathfrak{v}$. Der Hodograph enthält den Betrag und (nocheinmal) die Richtung von $\mathfrak{v}$, ordnet also der Bahnkurve das örtliche v zu.

46   B. Krummlinige Bewegung des Massenpunktes

Der Hodograph vermittelt aber nicht nur ein anschauliches Bild des Bewegungsverlaufes, man kommt von ihm aus auch in besonders bequemer Weise zur Definition der Beschleunigung. Da

$$\mathfrak{b} = \dot{\mathfrak{v}}$$

die Beschleunigung definiert, so ist $\mathfrak{b}$ ein Vektor, der die Richtung der Tangente an den Geschwindigkeitsplan hat, und dessen Betrag $|d\mathfrak{v}/dt|$ ist.

In Fig. 7/7 ist noch einmal auf Fig. 7/2 zurückgegriffen, nur daß diesmal Ortsplan und Geschwindigkeitsplan getrennt sind. Fig. 7/7a enthält die Bahnkurve mit den beiden „begleitenden" Enheitsvektoren

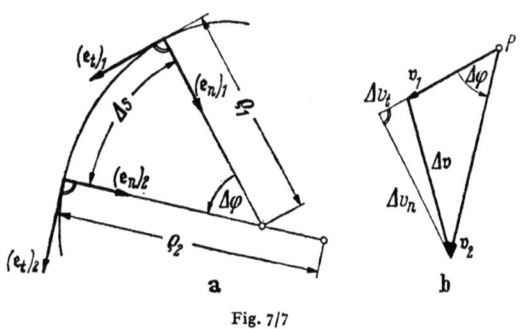

Fig. 7/7

e_t, e_n (Tangente und Normale). Fig. b zeigt die Geschwindigkeiten, wobei die Vektoren $\mathfrak{v}_1$ und $\mathfrak{v}_2$ von dem Pol P aus angetragen sind. Wie in Fig. 7/2 kann man den Differenzvektor $\Delta \mathfrak{v}$ zerlegen in 2 Komponenten: e_t-Komponente ist $v_2 - v_1 = \Delta v$ [s. (7.2')], e_n-Komponente ist $v \Delta \varphi$ [s. (7.2'')]. Damit ergibt sich für die Grenze $\Delta t \to 0$:

$$\mathfrak{b} = \dot{v}\, e_t + v\, \dot{\varphi}\, e_n,$$

was in (7.3*) übergeht, wenn wir statt r jetzt den *Krümmungsradius* ϱ benutzen:

$$\mathfrak{b} = \dot{v}\, e_t + \frac{v^2}{\varrho}\, e_n \qquad (7.5)$$

[für $d\varphi \to 0$ ist $d\varphi = ds/\varrho$, d. h. $\dot{\varphi} = v/\varrho$]. e_t, e_n nennen wir das mit der Kurve verbundene „natürliche" Koordinatensystem, $b_t = \dot{v}$ und $b_n = v^2/\varrho$ heißen daher die natürlichen Komponenten der Beschleunigung.

Die Formeln (7.4) und (7.5) zeigen: Für die Geschwindigkeitsdefinition darf man die Kurve ersetzen durch ihre Tangente, d. h. durch diejenige Gerade, die mit der Kurve *zwei* benachbarte Punkte gemein hat; für die Beschleunigungsdefinition darf man die Kurve ersetzen durch ihren Krümmungskreis, d. h. durch denjenigen Kreis, der mit

§ 7. Kinematik der krummlinigen Bewegung

der Kurve *drei* benachbarte Punkte gemein hat. Die für die Kreisbewegung gewonnenen Erkenntnisse (7.2) usw. gelten also für eine beliebige Kurve, wenn man nur unter r den (jetzt von Stelle zu Stelle veränderlichen) Krümmungsradius versteht.

c) Polarkoordinaten. Es kann oft zweckmäßig sein, eine Kurve nicht in kartesischen, sondern in Polarkoordinaten darzustellen (Kreis,

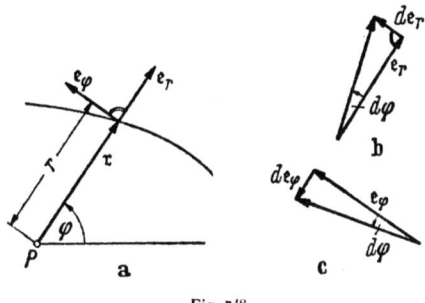

Fig. 7/8

KEPLER-Ellipse). Wie sehen in diesen Koordinaten Geschwindigkeit und Beschleunigung aus? Wir führen die beiden Einheitsvektoren

$$e_r \quad \text{und} \quad e_\varphi$$

im Sinne der Fig. 7/8a ein. Wie e_t ändern diese Vektoren ihre Richtung, d. h. es ist (anders als bei den Einheitsvektoren i, j des kartesischen Koordinatensystems)

$$\dot{e}_r \neq 0, \quad \dot{e}_\varphi \neq 0.$$

Analog zu (7.3') ist (Fig. 7/8b, c)

$$d e_r = e_\varphi \, d\varphi, \quad d e_\varphi = - e_r \, d\varphi;$$

d. h. es gilt

$$\dot{e}_r = e_\varphi \, \dot{\varphi}, \quad \dot{e}_\varphi = - e_r \, \dot{\varphi}. \tag{7.6}$$

Die Bewegung des Punktes wird beschrieben durch

$$\mathfrak{r}(t) = r \, e_r;$$

daraus folgt mit (7.6)

$$\mathfrak{v} \equiv \dot{\mathfrak{r}} = (r \, e_r)^\cdot = \dot{r} \, e_r + r \, \dot{e}_r = \dot{r} \, e_r + r \, \dot{\varphi} \, e_\varphi, \tag{7.7}$$

d. h. die Geschwindigkeit hat

eine Radialkomponente $v_r = \dot{r}$

und

eine Zirkularkomponente $v_\varphi = r \, \dot{\varphi}$.

Genau so folgt

$$\mathfrak{b} \equiv \dot{\mathfrak{v}} = \ddot{r} \, e_r + \underbrace{\dot{r} \, \dot{e}_r + \dot{r} \, \dot{\varphi} \, e_\varphi} + r \, \ddot{\varphi} \, e_\varphi + r \, \dot{\varphi} \, \dot{e}_\varphi,$$

mit den ė-Formeln also

$$\mathfrak{b} = (\ddot{r} - r\dot{\varphi}^2)\mathfrak{e}_r + (r\ddot{\varphi} + 2\dot{r}\dot{\varphi})\mathfrak{e}_\varphi; \qquad (7.7')$$

d. h. die Beschleunigung hat

und

eine Radialkomponente $b_r = \ddot{r} - r\dot{\varphi}^2$,

eine Zirkularkomponente $b_\varphi = r\ddot{\varphi} + 2\dot{r}\dot{\varphi}$.

An (7.7') können wir eine wichtige Folgerung anknüpfen. Als *Zentralbewegung* wird eine Bewegung bezeichnet, die regiert wird von einer von einem Zentrum ausgehenden Kraft. Mit der Kraft fällt die Beschleunigung in die Richtung $\mathfrak{e}_r$, d. h., für die Zentralbewegung ist $b_\varphi = 0$. Da man für b_φ schreiben kann

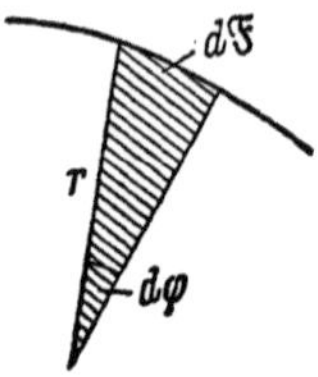

$$b_\varphi = \frac{1}{r}\frac{d}{dt}(r^2\dot{\varphi}), \qquad (7.7'')$$

so bedeutet $b_\varphi = 0$:

$$r^2\dot{\varphi} = \text{const} \equiv 2C,$$

oder

$$r^2 d\varphi = 2C\,dt.$$

Fig. 7/9

Nun ist aber nach Fig. 7/9, wenn $d\mathfrak{F}$ die schraffierte Dreieckfläche bezeichnet,

$$r^2 d\varphi = 2d\mathfrak{F},$$

d. h. es wird

$$d\mathfrak{F} = C\,dt. \qquad (7.8)$$

Bei der Zentralbewegung (Bewegung der Erde um die Sonne) überstreicht der Radiusvektor in gleichen Zeiten dt gleiche Flächen $d\mathfrak{F}$ (2. KEPLERsches Gesetz).

Anmerkung: Die Gln. (7.7) und (7.7') reizen zu einer Deutung, die ein Ergebnis aus der Theorie der Relativbewegung vorwegnimmt (s. unten § 11). Denken wir uns die Kurve $\mathfrak{r}(t)$ dadurch entstanden, daß sich der Punkt radial auf einem Karussell bewegt, das sich seinerseits mit der Winkelgeschwindigkeit $\dot{\varphi}$ dreht, so ist in (7.7)

$\dot{r}$ die Relativgeschwindigkeit v_{rel},

$r\dot{\varphi}$ die Führungsgeschwindigkeit v_f;

die Absolutgeschwindigkeit $\mathfrak{v}_a$ setzt sich also vektoriell aus diesen beiden zusammen

$$\mathfrak{v}_a = \mathfrak{v}_{\text{rel}} + \mathfrak{v}_f, \quad \text{mit} \quad \mathfrak{v}_{\text{rel}} = \dot{r}\,\mathfrak{e}_r, \quad \mathfrak{v}_f = r\dot{\varphi}\,\mathfrak{e}_\varphi. \qquad (7.9)$$

In der Beschleunigungsgleichung (7.7') ist offenbar $\ddot{r}$ die Relativbeschleunigung b_{rel}, und $-r\dot{\varphi}^2$, $r\ddot{\varphi}$ sind die Komponenten der Führungsbeschleuni-

§ 8. Kräfte- und Momentensatz

gung b_f, denn auf den Punkt, der keine Eigenbewegung gegen das Karussell hat, wirkt zirkular $r\ddot{\varphi}$, radial nach innen $r\dot{\varphi}^2$. Überraschenderweise bleibt noch ein Term übrig,

$b_c = 2\dot{r}\dot{\varphi}$, die sog. CORIOLIS-Beschleunigung (s. unten § 11);

diese entsteht in unserem Beispiel dadurch, daß der Punkt die Richtung seiner Relativgeschwindigkeit ändert und in einen Bereich größerer Zirkulargeschwindigkeit $r\dot{\varphi}$ gerät, so daß er zirkular auf eine größere Geschwindigkeit gebracht, d. h. beschleunigt, werden muß. Die Gesamtbeschleunigung setzt sich also aus 3 Anteilen zusammen

mit
$$\mathfrak{b} = \mathfrak{b}_{rel} + \mathfrak{b}_f + \mathfrak{b}_c \quad (\text{Vektoren!}),$$
$$\mathfrak{b}_{rel} = \ddot{r}\,\mathfrak{e}_r, \quad \mathfrak{b}_f = r\ddot{\varphi}\,\mathfrak{e}_\varphi - r\dot{\varphi}^2\,\mathfrak{e}_r, \quad \mathfrak{b}_c = 2\dot{r}\dot{\varphi}\,\mathfrak{e}_\varphi. \quad (7.9')$$

§ 8. Kräfte- und Momentensatz

a) Der Kräftesatz; Wurfbewegung. Für die nicht geradlinige Bewegung des Massenpunktes ist der Kräftesatz (NEWTONS lex secunda) eine Vektoraussage:

$$\sum \mathfrak{K}_i = (m\,\mathfrak{v})^{\boldsymbol{\cdot}}. \quad (8.1)$$

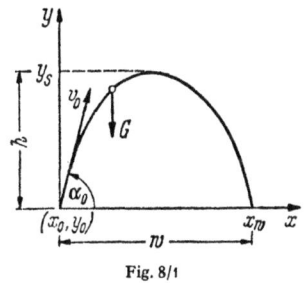

Fig. 8/1

Mit (8.1) sind gleichwertig die beiden Komponentenaussagen

$$\sum X_i = (m\,\dot{x})^{\boldsymbol{\cdot}}, \quad \sum Y_i = (m\,\dot{y})^{\boldsymbol{\cdot}}. \quad (8.1')$$

Wir betrachten als Beispiel den Wurf ohne und mit Luftwiderstand.

α) Für den Wurf *ohne* Luftwiderstand lauten die Gln. (8.1')

$$m\,\ddot{x} = 0, \quad m\,\ddot{y} = -G. \quad (8.2\text{a})$$

Die Integration ist elementar; es wird

$$\dot{x} = \dot{x}_0, \quad \dot{y} = \dot{y}_0 - g\,t, \quad (8.2\text{b})$$

$$x = x_0 + \dot{x}_0\,t,\; y = y_0 + \dot{y}_0\,t - \frac{g}{2}t^2, \quad (8.2\text{c})$$

worin $\dot{x}_0$, $\dot{y}_0$ die Anfangsgeschwindigkeit, x_0, y_0 die Anfangslage der Bewegung kennzeichnen. Die Gleichung der Bahnkurve erhalten wir durch Elimination von t; es ergibt sich die Parabel

$$(y - y_0) = \frac{\dot{y}_0}{\dot{x}_0}(x - x_0) - \frac{g}{2\dot{x}_0^2}(x - x_0)^2. \quad (8.2\text{d})$$

In vielen Fällen wird man — wie in Fig. 8/1 — durch geeignete Wahl des Koordinatenursprungs $x_0 = y_0 = 0$ setzen können; die letzte Gleichung sieht dann etwas manierlicher aus:

$$y = \frac{\dot{y}_0}{\dot{x}_0}x - \frac{g}{2\dot{x}_0^2}x^2.$$

Der Scheitel y_s der Parabel ist gekennzeichnet durch

$$\dot{y}_s = 0; \qquad (8.3)$$

aus (8.2b) folgt, daß er erreicht wird nach einer Zeit

$$t = \dot{y}_0/g.$$

Die *Steighöhe* ist $y_s - y_0 = h$; nach (8.2c) ergibt sich

$$h = \frac{\dot{y}_0^2}{g} - \frac{\dot{y}_0^2}{2g} = \frac{1}{2}\frac{\dot{y}_0^2}{g}. \qquad (8.3')$$

h ist unabhängig von der x-Bewegung — was zu erwarten war, denn die allgemeine Wurfbewegung kann ja gedeutet werden als die Überlagerung eines vertikalen Wurfes mit einer (gleichförmigen, $\ddot{x} = 0$!) Waagerechtbewegung, von der die Wurfhöhe natürlich nicht abhängt. Dagegen hängt die *Wurfweite* w von der x-Bewegung ab. Mit $y - y_0 = 0$ folgt aus (8.2c) für die Flugzeit die quadratische Gleichung

$$t\left(\dot{y}_0 - \frac{g}{2}t\right) = 0. \qquad (8.4)$$

Von den beiden Lösungen dieser Gleichung kennzeichnet $t = 0$ den Abwurfpunkt, $t = t_w = 2\dot{y}_0/g$ den Auftreffpunkt. Aus der x-Gleichung (8.2c) ergibt sich

$$w = x_w - x_0 = \frac{2\dot{x}_0 \dot{y}_0}{g}. \qquad (8.4')$$

Es liegt nahe, die Komponenten $\dot{x}_0$, $\dot{y}_0$ der Anfangsgeschwindigkeit v_0 durch Betrag und Winkel (Fig. 8/1) auszudrücken;

mit $\qquad \dot{x}_0 = v_0 \cos\alpha_0, \qquad \dot{y}_0 = v_0 \sin\alpha_0$
ergibt sich

$$w = \frac{v_0^2}{g} 2\sin\alpha_0 \cos\alpha_0 = \frac{v_0^2}{g}\sin 2\alpha_0. \qquad (8.4'')$$

Als Funktion von α_0 erreicht w sein Maximum für $\sin 2\alpha_0 = 1$, d. h. für $\alpha_0 = 45°$.

Als Funktion von v_0 und α_0 lautet die Wurfhöhe:

$$h = \frac{v_0^2}{g}\frac{1}{2}\sin^2\alpha_0.$$

Wie zu erwarten, erreicht sie bei gegebenem v_0 für $\alpha_0 = 90°$ ein Maximum.

β) Die Wurfkurve, die man mit der Annahme verschwindenden Luftwiderstandes erhält, stellt eine sehr grobe Annäherung an die wirkliche Wurfkurve $\mathfrak{r}(t)$ dar. Wir wollen eine nächste Näherung betrachten, die von der Annahme ausgeht, daß sich der Bewegung in Richtung der Bahntangente ein *Luftwiderstand* $W(v)$ entgegenstellt. Wenn wir den vertikalen Einheitsvektor j nach oben positiv zählen,

§ 8. Kräfte- und Momentensatz

und mit e_t den Tangenteneinheitsvektor bezeichnen, lautet jetzt der Kräftesatz (8.1):

$$m\mathfrak{b} = -G\mathfrak{j} - W\,e_t,$$

oder

$$\mathfrak{b} = -g(\mathfrak{j} + W^*\,e_t), \tag{8.5}$$

mit der dimensionslosen Widerstandsgröße $W^* = W/G$. Die Gl. (8.5) ist ohne weiteres integrabel in dem Sonderfall

$$e_t = \pm\mathfrak{j},$$

d. h. beim vertikalen Wurf nach oben oder unten (s. das Beispiel in § 1 b, β). In dem allgemeinen Fall des schiefen Wurfes ist die Integration nur näherungsweise möglich — wir wollen einen graphischen und einen rechnerischen Weg skizzieren.

Beide Verfahren benutzen den Geschwindigkeitsplan. Die Fig. 8/2 deutet den graphischen Lösungsweg an. Statt (8.5) schreiben wir

$$d\mathfrak{v} = -(\mathfrak{j} + W^*\,e_t)\,g\,dt. \tag{8.5'}$$

Wählt man nun einen Geschwindigkeitsmaßstab, so kann man $\mathfrak{v}_0$, die (bekannte) Anfangsgeschwindigkeit, zeichnen und einen Vektor $d\mathfrak{v}_0 = \overrightarrow{A'B'}$ anfügen, der sich aus (8.5') für ein irgendwie gewähltes (kleines) Zeitintervall dt ergibt, wenn — voraussetzungsgemäß — $(e_t)_0$ und $W_0^* = W^*(v_0)$ bekannt sind. PB' ist die neue Geschwindigkeit $\mathfrak{v}_1$. Man kann jetzt $d\mathfrak{v}_1 = \overrightarrow{B'C'}$ mit $(e_t)_1$ und $W_1^* = W^*(v_1)$ zeichnen und fährt so fort. Aus dem Geschwindigkeitsplan ergibt sich

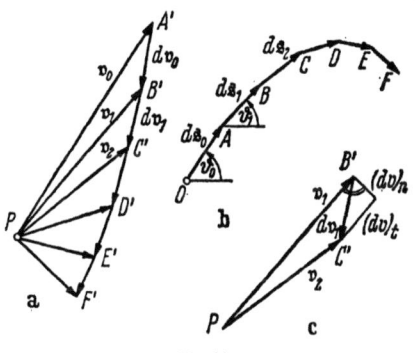

Fig. 8/2

der Wegplan am einfachsten als Polygon $OAB\ldots$: man fügt $d\mathfrak{s}_0 = \mathfrak{v}_0\,dt$ usw. aneinander (Fig. 8/2b). Eine Verbesserung — der allerdings durch die Zeichengenauigkeit Schranken gesetzt sind — erhält man mit Hilfe von Fig. 8/2c: Zerlegt man $d\mathfrak{v} = \mathfrak{b}\,dt$ in Richtung von $\mathfrak{v}$ und senkrecht dazu, so kann man den Krümmungsradius vermöge $\varrho = v^2/b_n$

aus $(dv)_n = b_n dt$ bestimmen, und die Strecken OA, AB usw. durch Kreisbögen ersetzen.

Dem in Fig. 8/2 skizzierten Verfahren sind, wie allen graphischen Verfahren, Genauigkeitsgrenzen gesetzt: Man kann die Zeitintervalle dt nicht beliebig klein wählen, und außerdem pflanzt sich der Fehler, der infolge der Ersetzung der gesuchten Kurven durch Polygone ($\mathfrak{v}_i\, dt$) entsteht, fort. Wir wollen daher den Gedanken der schrittweisen Integration noch einmal analytisch formulieren.

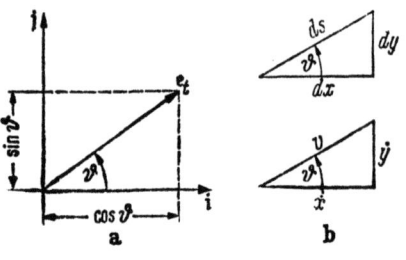

Fig. 8/3

Man überzeugt sich leicht, daß die Zerlegung der Vektorgleichung (8.5) in zwei skalare Gleichungen für $\ddot{x}$ und $\ddot{y}$ zu unüberwindlichen mathematischen Schwierigkeiten führt, denn in

$$\mathfrak{e}_t = \mathfrak{i} \cos \vartheta + \mathfrak{j} \sin \vartheta \qquad \text{(Fig. 8/3a)}$$

müssen ja die Winkelfunktionen vermöge

$$\cos \vartheta = \frac{dx}{ds} = \frac{\dot{x}}{v}, \quad \sin \vartheta = \frac{dy}{ds} = \frac{\dot{y}}{v} \qquad \text{(Fig. 8/3b)}$$

auch durch x und y ersetzt werden, und das führt auf die üblen Wurzelausdrücke

$$\cos \vartheta = \frac{\dot{x}}{\sqrt{\dot{x}^2 + \dot{y}^2}}, \quad \sin \vartheta = \frac{\dot{y}}{\sqrt{\dot{x}^2 + \dot{y}^2}}.$$

Wir werden also (8.5) aufspalten in 2 Gleichungen für die Richtungen $\mathfrak{e}_t$ und $\mathfrak{e}_n$ [s. (7.5)]

$$\left.\begin{array}{l} \dot{v} = -g(\sin\vartheta + W^*), \\[4pt] \dfrac{v^2}{\varrho} = g \cos\vartheta \end{array}\right\} \qquad (8.6)$$

und in der zweiten Gleichung $1/\varrho$ durch $(-d\vartheta/ds) = (-1/v)(d\vartheta/dt)$ ersetzen. [Minuszeichen, weil der Winkel ϑ, wie Fig. 8/2b zeigt, mit s abnimmt.] Dividiert man nun

durch
$$\left.\begin{array}{l} \dfrac{dv}{dt} = -g(\sin\vartheta + W^*) \\[4pt] v\,\dfrac{d\vartheta}{dt} = -g \cos\vartheta \end{array}\right\} \qquad (8.6')$$

§ 8. Kräfte- und Momentensatz

so ist die Zeit eliminiert, und man erhält eine Gleichung zwischen v und ϑ, die sog. *ballistische Hauptgleichung*:

$$\frac{dv}{d\vartheta} = v\,\frac{\sin\vartheta + W^*}{\cos\vartheta}. \tag{8.6''}$$

Da W^* von v abhängt, kann man in dieser Gleichung die Veränderlichen nicht trennen; man ist daher auf die schrittweise Integration angewiesen, die nach demselben Grundgedanken verläuft wie das graphische Verfahren. Statt (8.6'') schreibt man

$$\Delta v = \frac{\sin\vartheta + W^*(v)}{\cos\vartheta}\,v\,\Delta\vartheta, \tag{8.6*}$$

und erhält der Reihe nach

$$v_1 - v_0 = \frac{\sin\vartheta_0 + W^*(v_0)}{\cos\vartheta_0}\,v_0\,\Delta\vartheta_0,$$

$$v_2 - v_1 = \frac{\sin\vartheta_1 + W^*(v_1)}{\cos\vartheta_1}\,v_1\,\Delta\vartheta_1 \quad \text{usw.}$$

Darin wird $\Delta\vartheta_0$, $\Delta\vartheta_1$ usw. *gewählt*, und auf leistungsfähigen Rechenapparaten steht einer kleinen Schrittweite nichts im Wege. Hat man auf diese Weise $v(\vartheta)$, d. h. den Geschwindigkeitsplan (dargestellt in seinen eigenen Polarkoordinaten) gefunden, so folgt aus der zweiten Gl. (8.6):

$$\varrho = \frac{v^2}{g\cos\vartheta},$$

und man kann die Bahnkurve aus Kreisbogenstücken

$$\varrho_0 = \frac{v_0^2}{g\cos\vartheta_0}, \quad \varrho_1 = \frac{v_1^2}{g\cos\vartheta_1} \quad \text{usw.}$$

zusammenfügen.

b) Der Momentensatz für den Massenpunkt in der Ebene; das Pendel. Der Momentensatz für die ebene Bewegung ist (wie in der Statik) ein skalarer Satz. Er ergibt sich aus (8.1') durch Multiplikation mit den Hebelarmen x und y, den Abständen vom Bezugspunkt O (Fig. 8/4):

$$x\sum Y_i - y\sum X_i = x(m\ddot{y})^{\bullet} - y(m\ddot{x})^{\bullet}. \tag{8.7}$$

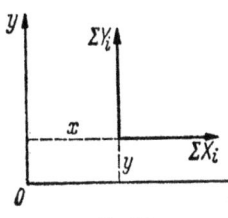

Fig. 8/4

Die Gl. (8.7) ist also eine *Folge* von (8.1') — sie stellt aber trotzdem eine, wie wir sehen werden, für die Anwendungen nützliche Formulierung dar.

Die rechte Seite läßt sich umformen. Das Moment des Impulses $m\,\mathfrak{v}$ bezüglich O, das Impulsmoment ist nach Fig. 8/5

$$D = r_{\perp}(m\,v) = x(m\dot{y}) - y(m\dot{x}).$$

Die Ableitung von D nach der Zeit wird

$$\dot D = x(m\dot y)^\bullet - y(m\dot x)^\bullet,$$

da die beiden anderen Terme sich wegheben. Für (8.7) kann man daher mit

$$x\sum Y_i - y\sum X_i = \sum M_i$$

schreiben:

$$\dot D = \sum M_i. \qquad (8.7')$$

Die Ableitung des Impulsmomentes ist gleich dem Moment der Kräfte (wobei beide Momente natürlich auf denselben Punkt bezogen sind).

Ein wichtiges Anwendungsbeispiel ist das *Punktpendel* Fig. 8/6. Wählen wir O als Momentenbezugspunkt, so ist das Impulsmoment

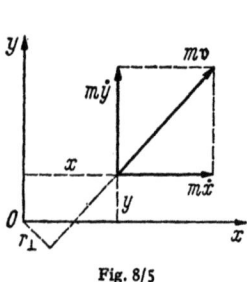

Fig. 8/5

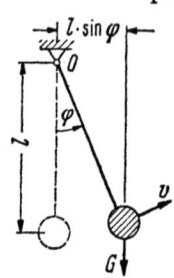

Fig. 8/6

da die Geschwindigkeit $v = l\dot\varphi$ senkrecht steht auf dem Bahnradius l (geführte Bewegung)

$$D = l\,m\,v \equiv m\,l^2\,\dot\varphi.$$

Da von den äußeren Kräften nur G ein Moment bezüglich O hat, wird aus (8.7')

$$m\,l^2\,\ddot\varphi = -G\,l\sin\varphi. \qquad (8.8)$$

(8.8) ist die Bewegungsgleichung für das Punktpendel mit beliebig großen Ausschlägen φ.

Ist φ klein, so kann man $\sin\varphi$ durch φ ersetzen und erhält die lineare Differentialgleichung

$$m\,l\,\ddot\varphi + G\,\varphi = 0 \qquad (8.8')$$

mit der Lösung $\varphi = A_1\cos\omega t + A_2\sin\omega t$. Es ist bemerkenswert, daß das Pendel für kleine Auslenkungen derselben Gleichung gehorcht wie der elastische Schwinger Fig. 3/1. Für die Eigenfrequenz des Pendels ergibt sich

$$\omega^2 = \frac{G}{m\,l} = \frac{g}{l}. \qquad (8.8^*)$$

Der Vergleich mit (3.8′) zeigt, daß ein Pendel sehr viel langsamer schwingt als ein elastischer Schwinger: Die Pendellänge tritt an die Stelle der (i. allg. sehr kleinen) statischen Durchsenkung.

Anhangsweise wollen wir noch die *Vektorformulierung* für (8.7′) geben, wie sie für räumliche Probleme notwendig ist. Das vektorielle Impulsmoment ist nach Fig. 8/7

$$\mathfrak{D} = \mathfrak{r} \times (m\,\mathfrak{v})$$

(Momentenprodukt oder Kreuzprodukt).
Die Ableitung wird

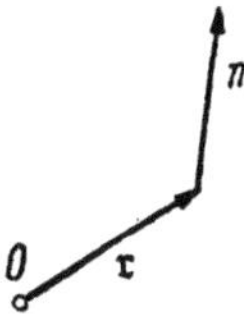

$$\dot{\mathfrak{D}} = \dot{\mathfrak{r}} \times (m\,\mathfrak{v}) + \mathfrak{r} \times (m\,\mathfrak{v})^{\cdot} = \mathfrak{r} \times (m\,\mathfrak{v})^{\cdot},$$

denn der erste Anteil fällt wegen $\dot{\mathfrak{r}} = \mathfrak{v}$ und $\mathfrak{v} \times \mathfrak{v} = 0$ weg. Aus

Fig. 8/7

$$(m\,\mathfrak{v})^{\cdot} = \sum \mathfrak{K},$$

d. h.

$$\mathfrak{r} \times (m\,\mathfrak{v})^{\cdot} = \mathfrak{r} \times \sum \mathfrak{K} = \sum \mathfrak{M}$$

folgt daher die Vektorgleichung

$$\dot{\mathfrak{D}} = \sum \mathfrak{M}. \tag{8.9}$$

§ 9. Die drei Umformungen: Trägheitskraft, Impuls, Energie

a) Zentrifugalkraft. Bei der krummlinigen noch mehr als bei der geradlinigen Bewegung ist die D'ALEMBERTsche Trägheits-„Kraft" ein bequemes Hilfsmittel zur Formulierung mechanischer Ansätze. Im Falle der Zentrifugalkraft wird jeder die D'ALEMBERTsche Formulierung sogar als besonders natürlich empfinden. Man stände etwa vor der Aufgabe (Fig. 9/1), die Seilkraft S zu berechnen, die die Masse m zwingt, den Kreis vom Radius r mit der Geschwindigkeit v zu durchlaufen. Obwohl Z in Fig. 9/1 keine Kraft im NEWTONschen Sinne ist (es existiert — s. o. § 4 — keine Gegenkraft), ist es für die Berechnung von S viel einleuchtender, mit D'ALEMBERT zu schreiben

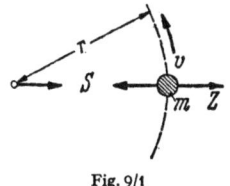

Fig. 9/1

$$\overleftarrow{S} = \overrightarrow{Z} \tag{9.1}$$

(Gleichgewicht zwischen der äußeren Kraft Z und der Haltekraft S), als mit NEWTON zu formulieren

$$\overleftarrow{S} = m\,\overleftarrow{b_n} \tag{9.1′}$$

(die Seilkraft bewirkt — zentripetal, in Richtung der Kraft — die Normalbeschleunigung b_n). Z ist die nach außen wirkende Massenkraft vom Betrag $|m\,b_n| = m\dfrac{v^2}{r}$, die an dem Seil zieht, oder die (um an eine alltägliche Erfahrung zu erinnern) in der Kurve den Fahrenden an die Wand des Fahrzeuges preßt.

Die Vorstellung der Zentrifugalkraft macht auch die Diskussion des *konischen Pendels* besonders übersichtlich. Die Fig. 9/2a deutet die Kreisbahn der Masse m an; die Fig. 9/2b zeigt das Kräftedreieck. Für den Zusammenhang zwischen dem Öffnungswinkel α und der Winkelgeschwindigkeit $\omega = $ const ergibt sich aus den beiden Dreiecken in a) und b):

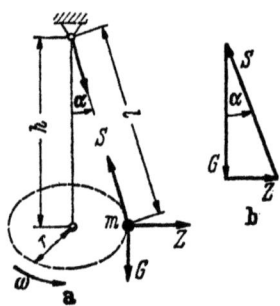

$$\tan\alpha = \frac{r}{h} \quad \text{und} \quad \tan\alpha = \frac{Z}{G} \equiv \frac{\omega^2 r}{g}. \tag{9.2}$$

Daraus folgt

$$h = g/\omega^2, \tag{9.2'}$$

und damit wird

Fig. 9/2

$$\cos\alpha = h/l = g/\omega^2 l, \tag{9.3}$$

d. h. Winkelgeschwindigkeit ω und (Kegel-) Öffnungswinkel α sind durch (9.3) aneinander gebunden.

An die Gl. (9.3) läßt sich eine wichtige Folgerung knüpfen. Wegen $\cos\alpha \leqq 1$ muß

$$\omega^2 \geqq g/l \tag{9.3'}$$

sein, und das heißt, daß das „konische Pendel" an eine Mindestdrehgeschwindigkeit gebunden ist: die an einer lotrechten Gelenkstange hängende, um die vertikale Achse rotierende Masse verläßt die lotrechte Gleichgewichtslage erst für

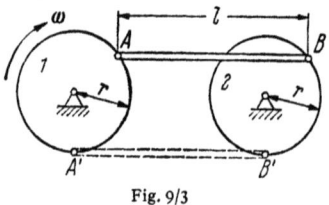

$\omega \geqq \omega_0 \equiv \sqrt{g/l}$ (Stabilitätsproblem).

Ein drittes Beispiel für die Nützlichkeit des Begriffs Zentrifugalkraft zeigt Fig. 9/3: Über eine Führungsstange AB werde das Rad 2 vom Rad 1 mitgenommen; gefragt ist nach der *Beanspruchung der Stange*.

Fig. 9/3

Hier ist es am einfachsten, Zentrifugalkraft und Gewicht als gleichartige „Lasten" anzusehen. Jedes Massenelement $\mu\,dx$ (μ Masse pro Längeneinheit) durchläuft eine Kreisbahn vom Radius r, die Zentrifugalkraft ist daher $\mu\frac{v^2}{r}dx$. In der Stellung $A'B'$ addiert sie sich zum Gewicht $q\,dx$, und die größte Beanspruchung der Stange ist daher nach I (12.5')

$$M_{\max} = \frac{\bar{q}\,l^2}{8} \quad \text{mit} \quad \bar{q} = q + \mu\frac{v^2}{r}. \tag{9.4}$$

Wegen

$$\mu = q/g, \quad v = r\omega$$

§ 9. Die drei Umformungen: Trägheitskraft, Impuls, Energie

kann man dafür schreiben

$$M_{max} = \frac{q\, l^2}{8}\left(1 + \frac{r\,\omega^2}{g}\right), \qquad (9.4')$$

und aus dieser Formel geht hervor, daß die Zentrifugal-,,Kraft" meistens der wesentliche Teil der Belastung ist. Schon bei einer Drehzahl von $n = 240/\text{min}$ (z. B.) und $d = 2r = 1$ m ist

$$\frac{r\,\omega^2}{g} = \frac{0,5}{10}\left(\frac{2\pi}{60}\,240\right)^2 = 32 \gg 1 \qquad (9.4'')$$

Viertes Beispiel: *Fahrzeug in der Kurve.* Für ein Fahrzeug, das eine Kurve mit konstanter Geschwindigkeit durchfährt, herrscht ,,Gleichgewicht" zwischen Zentrifugalkraft und Haftung am Boden:

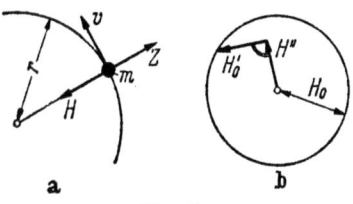

a   b
Fig. 9/4

$$H = \frac{m\,v^2}{r}. \qquad (9.5\,\text{a})$$

Die Haftung wird vom Boden nur aufgebracht, wenn

$$|H| \leqq H_0 = \mu_0\, N \qquad (9.5\,\text{b})$$

ist, wobei N, da wir an die Gesamthaftung aller Räder denken, gleich dem Gewicht des Fahrzeugs ist. Mit $m = G/g$ folgt aus (9.5) für die erlaubte Geschwindigkeit

$$v \leqq \sqrt{g}\,\sqrt{\mu_0\, r}. \qquad (9.5')$$

Wir merken an, daß (9.5') nur gilt, wenn in Fahrtrichtung weder beschleunigt noch gebremst wird. Der in Fig. b) gezeichnete Haftkreis (Radius $H_0 = \mu_0\, N$, μ_0 sei nach allen Richtungen gleich) zeigt warum: Wenn das Fahrzeug mit einer Kraft H'', die der Boden hergeben muß, gebremst oder beschleunigt wird, so steht auf der nicht überhöhten Straße für die Sicherung gegen eine Bewegung senkrecht zur Bahn nur eine Grenzkraft

$$H_0' = \sqrt{H_0^2 - H''^2} \qquad (9.5'')$$

zur Verfügung: Man soll also weder Motor noch Bremse betätigen, denn für $H'' = 0$ erreicht H_0' das Maximum H_0. Zwar macht ein kleines H'' nicht viel aus. Für $H'' = \frac{1}{3}H_0$ wird $H_0' = 0,94 H_0$, aber sobald man in der Bewegungsrichtung rutscht (Reibungskraft $R \approx H_0$) bringt die Bahn keine Seitenkraft auf: das Fahrzeug folgt willenlos der Zentrifugalkraft (und, wenn vorhanden, dem Straßengefälle), d. h., es verläßt die Kurve.

b) Impuls und Impulsmoment. Die Zeitintegration des Kräftesatzes (8.1') liefert

$$m\,\dot{x} - m\,\dot{x}_0 = \sum \int X_i\, dt \equiv \sum \hat{X}_i,$$
$$m\,\dot{y} - m\,\dot{y}_0 = \sum \int Y_i\, dt \equiv \sum \hat{Y}_i. \qquad (9.6\,\text{a})$$

Genau so folgt aus (8.7′)

$$D - D_0 = \sum \int M_i \, dt \equiv \sum \hat{M}_i, \qquad (9.6\text{b})$$

in Worten
Änderung des Impulsmomentes
= Zeitintegral über die Momentenresultierende.

Statt „Zeitintegral" werden wir wieder „Stoß" sagen: Kraftstoß $\hat{X}$, $\hat{Y}$, Momentenstoß $\hat{M}$.

Ist das Moment ständig Null, wie z. B. bei der Zentralbewegung (Bezugspunkt das Zentrum, die Sonne für den Planeten), so folgt aus (9.6b)

$$D = D_0 = \text{const} \quad (\text{für } M = 0). \qquad (9.6')$$

Nach Fig. 9/5 ist

$$D = m \, r_\perp \, v;$$

mit $v = ds/dt$ und (9.6′) wird daraus

$$r_\perp \, ds = \frac{1}{m} D_0 \, dt,$$

und da $r_\perp \, ds = 2d\mathfrak{F}$ ist ($d\mathfrak{F}$ = Flächeninhalt des schraffierten Dreiecks), stoßen wir wieder auf das als (7.8) schon hergeleitete zweite KEPLERsche Gesetz

$$d\mathfrak{F} = \frac{D_0}{2m} dt. \qquad (9.6'')$$

Die geometrische Deutung (9.6″) des speziellen Impulsmomentensatzes (9.6′) ist der Anlaß zu der nicht sehr sinnvollen Bezeichnung „Flächensatz" auch für (9.6b).

Als zweites Anwendungsbeispiel betrachten wir Fig. 9/6. Über eine (rotierende) Umlenkrolle A hält ein Seil die umlaufende Masse m;

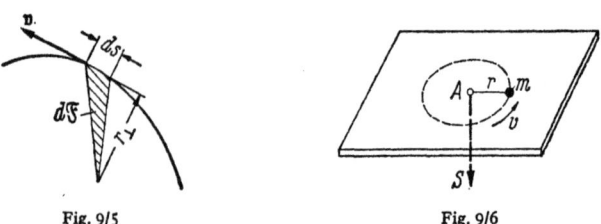

Fig. 9/5   Fig. 9/6

wie groß muß man die Seilkraft S machen, wenn man den Radius auf die Hälfte verkleinern will? Die Größe des Impulsmomentes ist

zu Anfang $D_0 = r_0 \, m \, v_0,$

nachher $D = r \, m \, v;$

§ 9. Die drei Umformungen: Trägheitskraft, Impuls, Energie

da wir den Radius durch eine „Zentralkraft" verkleinern, gilt (9.6'), und daher wird

$$v = 2v_0 \quad \text{für} \quad r = r_0/2. \tag{9.7}$$

Die Seilkraft ist

vorher $\quad S_0 = m\, v_0^2/r_0$,

nachher $\quad S = m\, v^2/r$,

d. h. mit (9.7) ergibt sich $S = 8 S_0$.

c) Energie. Der Energiesatz ist wie bei der geradlinigen Bewegung ein skalarer Satz:

$$\int m \mathfrak{v} \cdot d\mathfrak{z} = \int \mathfrak{K} \cdot d\mathfrak{z} \quad (m = \text{const}),$$

($\mathfrak{K}$ die Resultierende der Kräfte); in Komponentenschreibweise:

$$\int m(\dot{x}\, dx + \dot{y}\, dy) = \int (X\, dx + Y\, dy). \tag{9.8}$$

Wegen

$$d\mathfrak{z} = \mathfrak{v}\, dt, \quad \text{d. h.} \quad dx = \dot{x}\, dt, \quad dy = \dot{y}\, dt,$$

und

$$\dot{\mathfrak{v}}\, dt = d\mathfrak{v}, \quad \text{d. h.} \quad \ddot{x}\, dt = d\dot{x}, \quad \ddot{y}\, dt = d\dot{y},$$

wird aus der linken Seite

$$\int m \mathfrak{v} \cdot d\mathfrak{v} \equiv \int m(\dot{x}\, d\dot{x} + \dot{y}\, d\dot{y}).$$

$\mathfrak{v} \cdot d\mathfrak{v}$ ist aber das Differential von $\frac{1}{2}\mathfrak{v}^2 = \frac{1}{2}v^2 = \frac{1}{2}(\dot{x}^2 + \dot{y}^2)$, d. h. wir erhalten

$$\frac{m}{2} v^2 - \frac{m}{2} v_0^2 = \int \mathfrak{K} \cdot d\mathfrak{z}$$

bzw.

$$\frac{m}{2}(\dot{x}^2 - \dot{x}_0^2) + \frac{m}{2}(\dot{y}^2 - \dot{y}_0^2) = \int (X\, dx + Y\, dy). \tag{9.8'}$$

Da es nur *eine* Energiegleichung gibt, ist ihre Anwendbarkeit begrenzt — in erster Linie auf geführte Bewegungen mit *einem* Freiheitsgrad.

Als Beispiel betrachten wir die reibungslos auf der Kurve K herabgleitende Masse (Fig. 9/7). Die Arbeit der Kraft ist

$$\int \mathfrak{G} \cdot d\mathfrak{z} = \int G (\cos\alpha)\, ds = \int G\, dy = G(y_1 - y_0) = G h,$$

und daher gilt

$$\frac{m}{2} v^2 - \frac{m}{2} v_0^2 = G h. \tag{9.8''}$$

v^2 ist unabhängig von der Gestalt der Kurve (solange man die Reibungsarbeit vernachlässigen darf). Es werde z. B. gefragt, wie groß die Höhe h in Fig. 9/8 gewählt werden muß, damit die Masse die vertikale Schleife durchläuft, ohne hinabzufallen. Wenn der Bahndruck an der Stelle B, $N_B = Z_B - G$, positiv bleiben soll, muß

$$Z_B \geqq G \qquad (9.9)$$

sein, d. h. es muß gelten

$$\frac{v^2}{r} \geqq g.$$

Beginnt der Punkt die Bewegung bei A mit der Geschwindigkeit Null, so ist nach (9.8'')

$$v^2 = 2g h.$$

Aus

$$\frac{2g h}{r} \geqq g$$

folgt

$$h \geqq r/2. \qquad (9.9')$$

Berücksichtigung der Reibung macht das Problem sehr viel komplexer, da $\int R\,ds$ wegen $|R| = \mu N$ von der Zentrifugalkraft, d. h. von der — unbekannten — Augenblicksgeschwindigkeit abhängt.

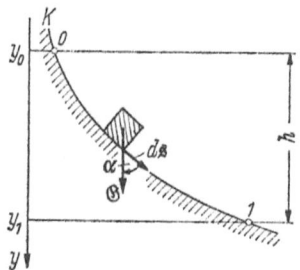

Fig. 9/7

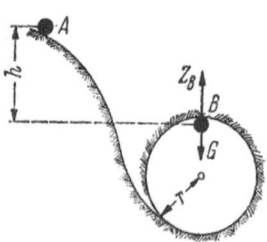

Fig. 9/8

Aufgaben zu B

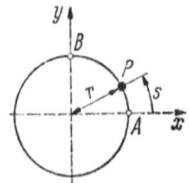

1. Ein Massenpunkt P bewegt sich entlang einer Kreisbahn (Radius r); sein Weg, gerechnet vom festen Punkt A aus, ist: $s = c\,t^2$.

Man ermittle:

a) x- und y-Komponente der Geschwindigkeit zur Zeit t,

b) die Geschwindigkeit $v(B)$ im Punkt B,

c) Tangential- und Normalbeschleunigung an einer Stelle s.

Lösung:

a) $\dot{x}(t) = -2c\,t \sin \frac{c}{r} t^2$,

$\dot{y}(t) = +2c\,t \cos \frac{c}{r} t^2$;

b) $v(B) = \sqrt{2\pi r c}$;

c) $b_t(s) = 2c$, $b_n(s) = \dfrac{4c}{r} s$.

2. Zwei Punkte P_1, P_2 beginnen ihre Bewegung gleichzeitig von A aus mit der Geschwindigkeit v_0. Der Punkt P_1 bewegt sich gleichförmig verzögert ($b = -p$) längs des Durchmessers AB, der Punkt P_2 gleichförmig beschleunigt ($b_t = +p$) längs des Halbkreises AB. Die Punkte kommen gleichzeitig in B an.

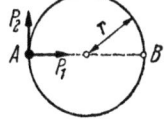

a) Wie groß ist p?
b) Nach welcher Zeit t_1 sind sie in B?
c) Wie groß ist die Normalbeschleunigung b_n von P_2 in B?

Lösung:

a) $p = \dfrac{4 v_0^2}{r} \dfrac{\pi - 2}{(\pi + 2)^2}$;

b) $t_1 = \left(1 + \dfrac{\pi}{2}\right) \dfrac{r}{v_0}$;

c) $b_n = \dfrac{v_0^2}{r} \left(\dfrac{3\pi - 2}{\pi + 2}\right)^2$.

3. Das Ende B eines Halbstrahls, der in einer drehbaren Muffe O ($AO = a = $ const) geführt wird, bewegt sich vom Punkt A aus mit der konstanten Geschwindigkeit v_0 entlang der z-Achse. Man bestimme für den in der festen Entfernung l von B befindlichen Punkt P des Halbstrahls:

a) die Bahngleichung in Polarkoordinaten: $r = r(\varphi)$;

b) den Betrag v_P der Bahngeschwindigkeit $\mathfrak{v}_P$ in Abhängigkeit von φ;

c) den Betrag von v_P im Augenblick, in dem P die Muffe O passiert?

d) den Betrag b_P der Beschleunigung $\mathfrak{b}_P$ in Abhängigkeit von φ.

Lösung:

a) $r(\varphi) = l - \dfrac{a}{\cos \varphi}$;

b) $v_P = v_0 \sqrt{1 + \dfrac{l}{a} \cos^3 \varphi \left(\dfrac{l}{a} \cos \varphi - 2\right)}$;

c) $v_P = v_0 \sqrt{1 - \dfrac{a^2}{l^2}}$;

d) $b_P = \dfrac{l v_0^2}{a^2} \cos^3 \varphi \sqrt{1 + 3 \sin^2 \varphi}$.

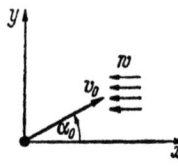

4. Ein Ball (Punktkörper) vom Gewicht G wird mit der Anfangsgeschwindigkeit v_0 unter einem Winkel α_0 gegen die Horizontale geworfen. Er erfährt eine (etwa durch Wind verursachte) in der negativen x-Richtung wirkende Kraft $W = \beta G =$ const.

a) Man stelle die Gleichung der Bahnkurve in Parameterform $x = x(t)$, $y = y(t)$ auf.

b) Wie groß ist die Wurfhöhe h und die Wurfweite x_w?

c) Unter welchen Umständen ist $x_w = 0$ und welche Bahn beschreibt dann der Ball?

Lösung:

a) $\quad x(t) = v_0 t \cos\alpha_0 - \frac{1}{2} \beta g t^2$,

$$y(t) = v_0 t \sin\alpha_0 - \frac{1}{2} g t^2;$$

b) $\quad h = \frac{v_0^2}{2g} \sin^2\alpha_0$,

$$x_w = \frac{2 v_0^2}{g} \sin\alpha_0 (\cos\alpha_0 - \beta \sin\alpha_0);$$

c) $\tan\alpha_0 = \frac{1}{\beta}$, $\quad y = \frac{1}{\beta} x$.

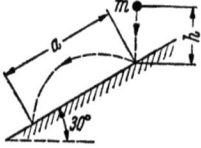

5. Ein Massenpunkt m fällt aus der Höhe h auf eine Ebene von der Neigung 30° und prallt vollkommen elastisch ab.

a) Nach welcher Zeit t trifft er wieder auf die Ebene?

b) Wie groß ist der Abstand a der beiden Auftreffpunkte?

Lösung:

a) $t = 2\sqrt{\dfrac{2h}{g}}$;

b) $a = 4 h$.

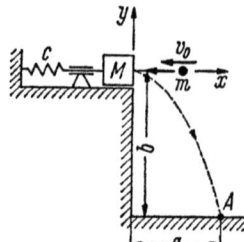

6. Gegeben ist ein ruhendes Feder-Masse-System. Auf die Masse M trifft zur Zeit $t = 0$ mit der horizontalen Geschwindigkeit v_0 ein Punktkörper von der Masse m (elastischer Stoß).

a) Welches ist die x-Komponente $x = x(t)$ des von der Masse m nach dem Stoß zurückgelegten Weges?

b) Auf welcher Bahn $y(x)$ bewegt sich die Masse m nach dem Stoß?

c) Wie groß muß v_0 sein, damit die Masse m den Punkt A trifft? (Sonderfall $M \gg m$?)

Lösung:

a) $x(t) = \dfrac{M-m}{M+m} v_0 t$;

b) $y(x) = -\left(\dfrac{M+m}{M-m}\right)^2 \dfrac{g}{2v_0^2} x^2$;

c) $v_0 = a\,\dfrac{M+m}{M-m}\sqrt{\dfrac{g}{2b}} \quad \left(v_0 = a\sqrt{\dfrac{g}{2b}}\right)$.

7. Ein Radfahrer durchfährt eine Kurve vom Radius r mit einer Geschwindigkeit v.

a) Wie groß muß der Neigungswinkel α des Fahrrades zur Vertikalen sein?

b) Wie groß muß der Haftungskoeffizient μ_0 zwischen Reifen und Fahrbahn mindestens sein?

Zahlenwerte: $r = 10$ m, $v = 5$ m/sec.

Lösung:

a) $\alpha = \arctan \dfrac{v^2}{r g} = 14°$;

b) $\mu_0 = \dfrac{v^2}{r g} = 0{,}25$.

8. Nach dem Einschuß einer Masse m erreicht der an einem Seil der Länge l aufgehängte Sandsack (Punktmasse M) einen Ausschlagwinkel φ.

Wie groß war die Geschwindigkeit v des Geschosses?

Lösung:

$$v = \left(1 + \dfrac{M}{m}\right)\sqrt{2g\,l(1-\cos\varphi)}.$$

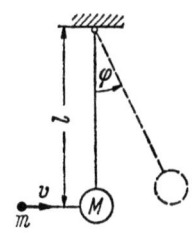

9. Ein Fadenpendel (Länge l, Masse m) wird aus der Lage φ_0 losgelassen. Beim Durchgang durch die Vertikale trifft der Faden auf einen glatten Bolzen A.

a) Wie groß ist der maximale Ausschlag ψ_1?

b) Wie groß ist die Kraft $S(\psi)$ im Faden während der Bewegung zwischen B und C?

c) Wie groß ist die Kraft $K(\psi)$ zwischen Faden und Bolzen?

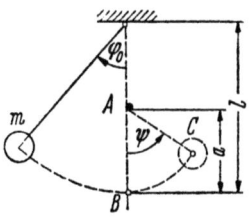

Lösung:

a) $\cos\psi_1 = 1 - \dfrac{l}{a}(1-\cos\varphi_0)$;

b) $S(\psi) = m g\,(3\cos\psi - 2\cos\psi_1)$;

c) $K(\psi) = S(\psi)\,2\sin\dfrac{\psi}{2}$.

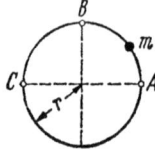

10. Ein punktförmiger Körper (Masse m), der sich auf einem Kreis (Radius r) bewegt, wird vom Punkt C des Kreises mit einer Kraft angezogen, die umgekehrt proportional dem Quadrat der Entfernung ist (Proportionalitätskonstante c).

Welche Arbeit A_k hat die Anziehungskraft geleistet, wenn der Körper von A nach B gelangt ist?

Lösung:
$$A_k = \frac{c}{2r}(\sqrt{2} - 1).$$

C. Relativbewegung

Bevor wir in Kap. D und E übergehen zur Mechanik des nichtpunktförmigen „Körpers", wollen wir in einer Zwischenbetrachtung die Theorie der Relativbewegung erörtern, denn schon die Bewegung des Körpers müssen wir beschreiben mit Hilfe einer Relativvorstellung: Die Starrkörperbewegung setzt sich zusammen aus der Bewegung eines Körperbezugspunktes und einer Drehung um diesen Punkt; diese Drehung ist die eines „körperfesten" gegen ein „raumfestes" Koordinatensystem. Aber auch bei den Punktkörpern begegnen uns Relativbewegungen. Denken wir nur an die Zusatz-„Kräfte" im anfahrenden Eisenbahnzug, auf der sich drehenden Scheibe; oder daran, daß die Erde zwar für viele technische Probleme mit genügender Genauigkeit als Inertialsystem betrachtet werden kann, aber ganz sicher nicht immer (Meeres-, Wind-Strömungen o. ä.).

§ 10. Translation des Bezugssystems

a) Kinematik. Die kinematischen Formeln sind denkbar simpel. Es ist

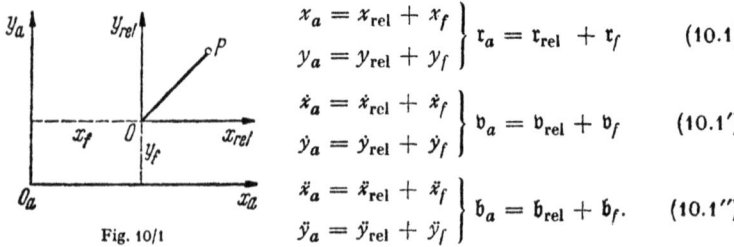

Fig. 10/1

$$\left.\begin{array}{l}x_a = x_{\text{rel}} + x_f \\ y_a = y_{\text{rel}} + y_f\end{array}\right\} \mathfrak{r}_a = \mathfrak{r}_{\text{rel}} + \mathfrak{r}_f \qquad (10.1)$$

$$\left.\begin{array}{l}\dot{x}_a = \dot{x}_{\text{rel}} + \dot{x}_f \\ \dot{y}_a = \dot{y}_{\text{rel}} + \dot{y}_f\end{array}\right\} \mathfrak{v}_a = \mathfrak{v}_{\text{rel}} + \mathfrak{v}_f \qquad (10.1')$$

$$\left.\begin{array}{l}\ddot{x}_a = \ddot{x}_{\text{rel}} + \ddot{x}_f \\ \ddot{y}_a = \ddot{y}_{\text{rel}} + \ddot{y}_f\end{array}\right\} \mathfrak{b}_a = \mathfrak{b}_{\text{rel}} + \mathfrak{b}_f. \qquad (10.1'')$$

Die Indizes bedeuten a(bsolut), rel(ativ), f(ührung); die Absolutbeschleunigung setzt sich additiv aus Relativ- und Führungsbeschleu-

§ 10. Translation des Bezugssystems

nigung zusammen: „führung" ist die Bewegung des Körpers, wenn er (fest angebunden) vom Koordinatensystem mitgenommen wird, „relativ" ist seine Bewegung gegen das bewegte Koordinatensystem.

b) Kinetik. Das NEWTONsche Grundgesetz $m\,\mathfrak{b}_a = \sum \mathfrak{K}$ geht für die Relativbewegung über in

$$m\,\mathfrak{b}_{rel} = \sum \mathfrak{K} - m\,\mathfrak{b}_f, \tag{10.2}$$

d. h. die Trägheitskraft der Führungsbewegung tritt als weitere Kraft in $\sum \mathfrak{K}$ ein. Wir betrachten zwei Beispiele:

1. Bewegung im Eisenbahnwagen:
α) *Freier Fall.* Es gilt

d. h.
$$m\,\mathfrak{b}_{rel} = \mathfrak{G} - m\,\mathfrak{b}_f,$$
$$\mathfrak{b}_{rel} = \mathfrak{g} - \mathfrak{b}_f. \tag{10.3}$$

Wird der Wagen beschleunigt ($\mathfrak{b}_f$ z. B. nach links wirkend), so fällt der Körper für den mitfahrenden Beobachter schräg nach hinten (in Fig. 10/2 nach rechts).

β) *Horizontalbewegung.* Will man in dem nach vorn beschleunigten Wagen nach vorn gehen, so „spürt" man als Relativgewicht die schräg

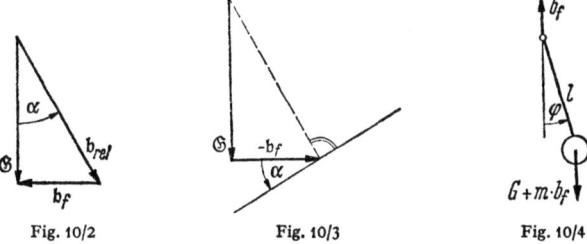

Fig. 10/2   Fig. 10/3   Fig. 10/4

nach rechts gerichtete Vektorkraft $\mathfrak{G} - m\,\mathfrak{b}_f$, und empfindet daher die unter α geneigte Ebene als horizontal. Die absolute Horizontale erscheint als ansteigend: man geht (mühsam) eine schräge Ebene hinauf. Umgekehrt geht man im bremsenden Zug nach vorn „bergab", d. h. von selbst.

2. Pendel im Aufzug. Wird der Aufzug nach oben beschleunigt, so hat die Masse ein „Gewicht" $G + m\,b_f$ und der Kräftesatz für die Richtung der Tangente an den (relativen) Kreis lautet

$$m\,l\,\ddot{\varphi} = -(G + m\,b_f)\sin\varphi. \tag{10.4}$$

Für kleine Winkel ($\sin\varphi = \varphi$) ergibt sich die Kreisfrequenz

$$\omega_{auf} = \sqrt{\frac{g + b_f}{l}}. \tag{10.5a}$$

Im abwärts beschleunigten Aufzug bewegt sich das Pendel langsamer:

$$\omega_{ab} = \sqrt{\frac{g - b_f}{l}}. \qquad (10.5\,b)$$

Im fallenden Aufzug $(b_f = g)$ ist $\omega = 0$.

§ 11. Rotation des Bezugssystems

a) Kinematik. Wenn man die Bewegung eines Körpers gegen ein Koordinatensystem betrachtet, das seinerseits rotiert (Drehgeschwindigkeit Ω), so ist schon die Kinematik wesentlich komplizierter. Für die ebene Bewegung in einem um die (feste) Achse $\mathfrak{k}$ rotierenden Koordinatensystem gilt:

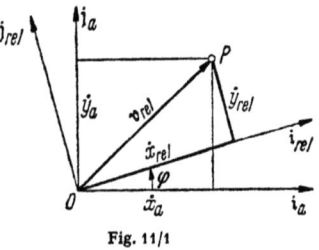

Fig. 11/1

$$\left. \begin{array}{l} x_a = x \cos \varphi - y \sin \varphi, \\ y_a = x \sin \varphi + y \cos \varphi, \end{array} \right\} \mathfrak{r}_a = \mathfrak{r},$$

und daher (11.1)*

$$\left. \begin{array}{l} \dot{x}_a = (\dot{x} \cos \varphi - \dot{y} \sin \varphi) - \Omega (x \sin \varphi + y \cos \varphi), \\ \dot{y}_a = (\dot{x} \sin \varphi + \dot{y} \cos \varphi) + \Omega (x \cos \varphi - y \sin \varphi), \end{array} \right\} \begin{array}{l} \dot{\mathfrak{r}}_a \equiv \mathfrak{v}_a = \mathfrak{v}_{rel} + \mathfrak{o} \times \mathfrak{r} \\ \phantom{\dot{\mathfrak{r}}_a} = \mathfrak{v}_{rel} + \mathfrak{v}_f \end{array}$$

mit $\Omega \equiv \dot{\varphi}$ und $\mathfrak{o} \equiv \Omega \mathfrak{k}$. (11.1')

Das Ergebnis der skalaren Rechnung wird durch die Vektordeutung unmittelbar anschaulich. Die vorderen Terme beschreiben die Bewegung des Punktes für $\varphi = $ const, d. h. relativ gegen ein System, dessen Eigenbewegung außer Betracht bleibt. Die hinteren beschreiben die Bewegung *nur* infolge der Systemdrehung: Der Abstand gegen O bleibt fest ($x, y, \mathfrak{r}$ werden nicht differenziert), es entsteht eine Zirkulargeschwindigkeit Ωr, die vektoriell $\mathfrak{o} \times \mathfrak{r}$ geschrieben werden kann, wenn $\mathfrak{o} = \Omega \mathfrak{k}$ der Vektor der Winkelgeschwindigkeit ist. Die Absolutgeschwindigkeit ist also — wie bei der Translation — die vektorielle Summe von Relativ- und Führungsgeschwindigkeit.

Bei der Bildung der zweiten Ableitung entstehen in den Koordinatengleichungen eine große Zahl von Gliedern, die man durch die Vektorgleichung einfacher — und ohne Beschränkung auf die ebene Bewegung! — erhält. Wir wollen gleichwohl beide Rechnungen durchführen. In Koordinaten ergibt sich

$$\left. \begin{array}{l} \ddot{x}_a = (\ddot{x} \cos \varphi - \ddot{y} \sin \varphi) - \Omega^2 (x \cos \varphi - y \sin \varphi) - \\ \phantom{\ddot{x}_a =} - \dot{\Omega} (x \sin \varphi + y \cos \varphi) - 2\Omega (\dot{x} \sin \varphi + \dot{y} \cos \varphi), \\ \ddot{y}_a = (\ddot{x} \sin \varphi + \ddot{y} \cos \varphi) - \Omega^2 (x \sin \varphi + y \cos \varphi) + \\ \phantom{\ddot{y}_a =} + \dot{\Omega} (x \cos \varphi - y \sin \varphi) + 2\Omega (\dot{x} \cos \varphi - \dot{y} \sin \varphi). \end{array} \right\} (11.1'')$$

---

* $\mathfrak{r} = \mathfrak{r}_{rel}$; der Ortsvektor $\overline{OP}$ ist in beiden Systemen derselbe.

§ 11. Rotation des Bezugssystems

Die drei vorderen Glieder lassen sich unmittelbar deuten. Die erste Klammer repräsentiert $\mathfrak{b}_{rel}$, die Beschleunigung für festgehaltenes φ ($\Omega = 0$). Die zweite und dritte Klammer repräsentieren die Bewegung infolge der φ-Änderung bei festgehaltenen x, y (d. h. $\mathfrak{r}$). Und zwar stehen bei Ω^2 die Komponenten x_a, y_a von $\mathfrak{r}$, d. h. das zweite Glied ist die Zentripetalbeschleunigung

$$-\Omega^2\, r\, \mathfrak{e}_r, \tag{11.2a}$$

wenn $\mathfrak{e}_r$ der (nach außen weisende) Einheitsvektor in Richtung $\mathfrak{r}$ ist. Das dritte Glied ist der Zirkularanteil der Führungsbeschleunigung, denn die beiden Komponenten $-\dot{\Omega}\, \dot{y}_a$ und $\dot{\Omega}\, x_a$ lassen sich zusammenfassen zu dem Vektor

$$\dot{\Omega}\, r\, \mathfrak{e}_\varphi, \tag{11.2b}$$

wenn mit $\mathfrak{e}_\varphi$ der in Richtung wachsender φ weisende Einheitsvektor bezeichnet wird.

Merkwürdigerweise tritt nun noch ein Zusatzglied auf. Es läßt sich vermöge (11.1') deuten als ein Vektor mit den Komponenten $-2\Omega\, v_y^{(rel)}$ und $2\Omega\, v_x^{(rel)}$, d. h. als ein in der Drehebene auf $\mathfrak{v}_{rel}$ senkrecht stehender Vektor vom Betrage

$$2\Omega\, |\mathfrak{v}_{rel}|. \tag{11.2c}$$

Dieses Glied wird $\mathfrak{b}_c$ genannt nach dem französischen Physiker CORIOLIS*, obwohl $\mathfrak{b}_c$ der Sache nach schon hundert Jahre früher, bei EULER, vorkommt. Die vektorielle Deutung von (11.1'') lautet also

$$\mathfrak{b}_a = \mathfrak{b}_{rel} + \mathfrak{b}_f + \mathfrak{b}_c. \tag{11.2'}$$

Wenn wir diese Gleichung, die auch für die räumliche Bewegung gilt, allgemein herleiten wollen, ist es zweckmäßig, die Vektoraussage (11.1') etwas anders zu interpretieren. Wir schreiben

$$\dot{\mathfrak{r}} \equiv \frac{d\mathfrak{r}}{dt} = \frac{d^*\mathfrak{r}}{dt} + \mathfrak{o} \times \mathfrak{r},$$

mit der Vorschrift: die Ableitung d^*/dt soll so gebildet werden, daß nur die Änderung relativ zum System $\mathfrak{i}$, $\mathfrak{j}$, $\mathfrak{k}$ in Betracht gezogen wird. Dann ist die totale Ableitung d/dt eine Doppel-„Operation":

$$\frac{d}{dt}\, \mathfrak{r} = \left(\frac{d^*}{dt} + \mathfrak{o} \times\right) \mathfrak{r}. \tag{11.3}$$

Das gilt für jeden Vektor:

$$\frac{d}{dt}\, \mathfrak{a} = \left(\frac{d^*}{dt} + \mathfrak{o} \times\right) \mathfrak{a}; \tag{11.3'}$$

in Worten:
absolute (totale) Änderung von $\mathfrak{a}$ = Relativänderung plus $\mathfrak{o} \times \mathfrak{a}$.
Bevor wir, um die Beschleunigung zu erhalten, diese Formel auf den Vektor $\mathfrak{v}_a$ loslassen, wenden wir sie auf den Vektor der Winkelgeschwindigkeit an, der jetzt ein beliebig im Raum liegender nach Betrag und

---

* G. G. CORIOLIS, 1792—1843.

Richtung sich ändernder Vektor sein kann. Es wird

$$\frac{d}{dt}\mathfrak{o} = \frac{d^*}{dt}\mathfrak{o} + \mathfrak{o} \times \mathfrak{o} = \frac{d^*}{dt}\mathfrak{o}, \tag{11.3''}$$

denn $\mathfrak{o} \times \mathfrak{o}$ ist Null. Für $\mathfrak{o}$ — aber nur für $\mathfrak{o}$ — fallen also absolute und relative Änderung zusammen.

Nun zur Beschleunigung. Es ist

$$\left.\begin{aligned}\ddot{\mathfrak{r}}_a &\equiv \frac{d}{dt}\mathfrak{v}_a = \left(\frac{d^*}{dt} + \mathfrak{o}\times\right)(\mathfrak{v}_{\text{rel}} + \mathfrak{o}\times\mathfrak{r}) \\ &= \frac{d^*}{dt}\mathfrak{v}_{\text{rel}} + \mathfrak{o}\times(\mathfrak{o}\times\mathfrak{r}) + \frac{d^*}{dt}(\mathfrak{o}\times\mathfrak{r}) + \mathfrak{o}\times\mathfrak{v}_{\text{rel}}, \\ \text{also}\quad \mathfrak{b}_a &= \frac{d^*}{dt}\mathfrak{v}_{\text{rel}} + \mathfrak{o}\times(\mathfrak{o}\times\mathfrak{r}) + \dot{\mathfrak{o}}\times\mathfrak{r} + 2\mathfrak{o}\times\mathfrak{v}_{\text{rel}},\end{aligned}\right\} \tag{11.4}$$

wobei wir nach (11.3'') $\dot{\mathfrak{o}}$ für $d^*\mathfrak{o}/dt$ geschrieben haben und $\mathfrak{v}_{\text{rel}}$ für $d^*\mathfrak{r}/dt$. In (11.4) erkennen wir nun in der Tat (11.1'') wieder: Vorn steht die relative Ableitung von $\mathfrak{v}_{\text{rel}}$, d. h. $\mathfrak{b}_{\text{rel}}$; zweites und drittes Glied sind die beiden Komponenten der Führungsbeschleunigung, die bei fester Richtung $\mathfrak{k}$ von $\mathfrak{o}$ wegen $\mathfrak{k}\times e_r = e_\varphi$, $\mathfrak{k}\times e_\varphi = -e_r$ einfach zu

$$-\Omega^2 r\, e_r + \dot{\Omega}\, r\, e_\varphi$$

werden [(11.2a/b)]; und schließlich geht das CORIOLIS-Glied $\mathfrak{b}_c = 2\mathfrak{o}\times\mathfrak{v}_{\text{rel}}$ für $\mathfrak{o} = \Omega\,\mathfrak{k}$, wie man aus (11.2c) erkennt, über in den letzten Summanden von (11.1'').

Beim ebenen Problem ist die CORIOLIS-Beschleunigung ein in der Ebene liegender Vektor, der senkrecht steht auf $\mathfrak{v}_{\text{rel}}$. Wir erinnern an die Deutung, die wir in § 7 der Beschreibung einer Punktbewegung in Polarkoordinaten gegeben haben. Bewegt sich ein Punkt auf einem Karussell radial nach außen, so ändert sich Richtung und Betrag der Zirkulargeschwindigkeit, d. h. er erfährt eine Beschleunigung ($\perp$ auf $\mathfrak{v}_{\text{rel}}$!), deren Betrag, wie die Rechnung zeigt, $2\Omega\,\dot{r}$ ist. Aber die Deutung ist nicht an die Radialbewegung gebunden. Bewegt sich ein Punkt auf dem Karussell mit einer Zirkulargeschwindigkeit $r\,\dot\psi$ entgegen dem Umlaufsinn (z. B.), so entsteht eine radial nach außen gerichtete CORIOILS-Beschleunigung vom Betrag $2\Omega\,r\,\dot\psi$, und außerdem natürlich eine zentripetale Relativbeschleunigung $r\,\dot\psi^2$. Im ganzen wirkt also in Richtung e_r eine Absolutbeschleunigung

$$-\Omega^2 r + 2\Omega\,r\,\dot\psi - r\,\dot\psi^2 = -r(\Omega - \dot\psi)^2.$$

Sie verschwindet für $\dot\psi = \Omega$, wie es sein muß, denn für $\dot\psi = \Omega$ steht der Punkt absolut gesehen still, $\mathfrak{b}_a$ ist Null (die Zirkularbeschleunigung $r(\dot\Omega - \ddot\psi)$ verschwindet auch).

b) Kinetik. Die kinetische Grundgleichung für $\mathfrak{b}_{\text{rel}}$ lautet

$$m\,\mathfrak{b}_{\text{rel}} = \sum \mathfrak{K} - m\,\mathfrak{b}_f - m\,\mathfrak{b}_c. \tag{11.5}$$

Wir betrachten zwei Beispiele.

§ 11. Rotation des Bezugssystems

1. Schwinger auf dem Karussell. Auf einem gleichförmig, d. h. von der Schwingbewegung unbeeinflußt umlaufenden Karussell ist im Abstand h vom Mittelpunkt ein Schwinger befestigt, gehalten von zwei Federn mit der Gesamtsteifigkeit c und einer Führung senkrecht zur Achse y (Fig. 11/2). Die Führungsbeschleunigung besteht wegen $\Omega =$ const nur aus der Zentripetalbeschleunigung mit den Komponenten $\Omega^2 x$ und $\Omega^2 h$. Die CORIOLIS-Beschleunigung steht senkrecht auf der Bewegung x und hat den Betrag $2\dot{x}\,\Omega$. Also gilt

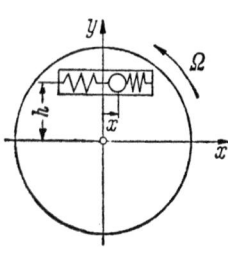

Fig. 11/2

$$m\ddot{x} = -cx + m\Omega^2 x - R,$$
$$0 = -m\,2\Omega\,\dot{x} + m\,\Omega^2 h + N, \quad (11.6)$$

wenn R die Reibungskraft, N die positiv nach oben gerichtete Führungskraft ist. Bei glatter Führung lautet die Schwingungsgleichung

$$m\ddot{x} + (c - m\Omega^2)\,x = 0, \quad (11.6')$$

und die Frequenz wird (unabhängig von h):

$$\omega = \sqrt{\frac{c - m\Omega^2}{m}}. \quad (11.6'')$$

Wenn das Karussell hinreichend schnell umläuft ($m\,\Omega^2 > c$), kommt keine Schwingung zustande: der Schwingungskörper wird gegen den Anschlag gepreßt.

Übt die Führung eine COULOMBsche Reibungskraft vom Betrag

$$|R| = |\mu N| = \mu m\,|\Omega^2 h - 2\Omega\,\dot{x}| \quad (11.7)$$

aus, so wird die Schwingung gedämpft, bei kleinen Umlaufgeschwindigkeiten in erster Linie durch die CORIOLIS-Kraft. Für $\Omega^2 h \ll 2\Omega\,\dot{x}$ lautet die Differentialgleichung

$$m\ddot{x} + 2\mu m\Omega\,\dot{x} + cx = 0, \quad (11.7')$$

d. h. die trockene Reibung bewirkt eine quasi-viskose Dämpfung $\sim \dot{x}$ [s. § 24].

2. Freier Fall auf die Erde. Die Erde ist ein sehr langsam umlaufendes Karussell. Es ist

$$\Omega = \frac{2\pi}{86\,400\,\text{sec}} = 73\cdot 10^{-6}/\text{sec};$$

die Zentripedalbeschleunigung $\Omega^2 r$ an der Erdoberfläche ($r = 6300$ km) ist daher klein gegen die Erdbeschleunigung g,

$$\Omega^2 r = 0{,}0035 g,$$

und da die Erde außerdem gleichförmig umläuft ($\dot{\Omega} = 0$), so können wir $b_f = 0$ setzen.

Es bleibt nur die CORIOLIS-Kraft, und die drei Bewegungsgleichungen für den fallenden Körper lauten (Fig. 11/3):

$$m\ddot{x} = 2m\,\Omega\,\dot{y}\sin\varphi,$$
$$m\ddot{z} = -mg + 2m\,\Omega\,\dot{y}\cos\varphi, \qquad (11.8)$$
$$m\ddot{y} = -2m\,\Omega\,(\dot{x}\sin\varphi + \dot{z}\cos\varphi).$$

Die Kleinheit von Ω vereinfacht diese Gleichung noch weiter. Aus der dritten Gleichung folgt, daß $\dot{y}$ von der Größenordnung Ωz ist; in den beiden ersten Gleichungen können die $\dot{y}$-Glieder daher wegbleiben. Wir haben die gewöhnlichen Fallgleichungen

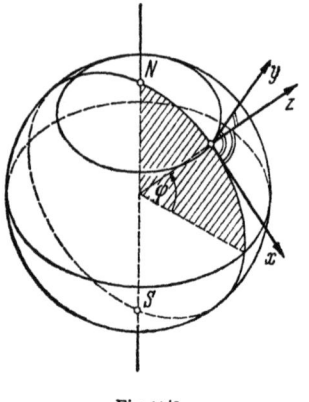

$$\ddot{x} = 0, \quad \ddot{z} = -g,$$

d. h. an der x- und an der z-Komponente der Fallbewegung ändert die (langsame) Erddrehung nichts. Was bleibt ist allein die Beeinflussung der y-Komponente: Für den freien Fall ($\dot{x}_0 = 0$, $\dot{z}_0 = 0$) wird aus der dritten Gl. (11.8)

$$\ddot{y} = 2\Omega g t \cos\varphi,$$

d. h. wir erhalten eine Ostabweichung

Fig. 11/3

$$y = \tfrac{1}{3}\Omega g t^3 \cos\varphi \quad (\text{für } \dot{y}_0 = y_0 = 0). \qquad (11.9)$$

Sie ist sehr klein; wenn der Körper aus einer Höhe $h = 100$ m herabfällt, ergibt sich wegen $h = (g/2) t^2$, d. h. $t = \sqrt{2h/g}$, mit $\varphi = 50°$:

$$y = \frac{2}{3} h \cos\varphi\, 73 \cdot 10^{-6} \sqrt{\frac{2h}{g}} = \frac{200}{3}\, 0{,}643\, \frac{73\sqrt{20}}{10^6} = 0{,}014 \text{ m}.$$

Die Abweichung beträgt also auf 100 m wenig mehr als 1 cm, wird also von den (hier vernachlässigten) Reibungseinflüssen völlig überdeckt. Aber natürlich gilt das nicht mehr in der Dimension von Wind- und Meeresströmungen.

Aufgaben zu C

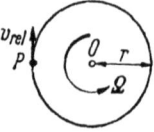

1. Ein Massenpunkt P bewegt sich mit konstanter Relativgeschwindigkeit v_{rel} entlang des Randes einer Scheibe (Radius r), während sich die Scheibe mit der konstanten Winkelgeschwindigkeit Ω in die entgegengesetzte Richtung dreht.

Wie groß ist die Absolutbeschleunigung $\mathfrak{b}_a$ der Punktmasse P nach Betrag und Richtung?

Lösung:

$$b_a = r\left(\frac{v_{rel}}{r} - \Omega\right)^2 e_n.$$

2. Ein Brett rotiert mit der konstanten Winkelgeschwindigkeit Ω um eine vertikale Achse O über einer glatten horizontalen Unterlage. Ein Massenpunkt (Masse m) wird zur Zeit $t = 0$ aus der Anfangslage $r = r_0$ ohne radiale Anfangsgeschwindigkeit vom Brett mitgenommen (keine Reibung).

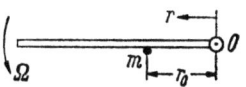

Man bestimme den Betrag der Relativgeschwindigkeit (v_{rel}) und der Absolutgeschwindigkeit (v_a)
a) als Funktion des Abstandes r vom Drehpunkt O,
b) als Funktion des Drehwinkels $\Omega\, t$.
c) Man bestimme die Kraft P zwischen Brett und Masse als Funktion von r.

Lösung:

a) $v_{rel}(r) = \Omega\sqrt{r^2 - r_0^2}$,

$v_a(r) = \Omega\sqrt{2r^2 - r_0^2}$;

b) $v_{rel}(\Omega\, t) = \Omega\, r_0 \sinh\Omega\, t$,

$v_a(\Omega\, t) = \Omega\, r_0 \sqrt{\cosh 2\Omega\, t}$;

c) $P = 2m\, \Omega^2 \sqrt{r^2 - r_0^2}$.

3. Ein Schnellzug vom Gesamtgewicht $G = 200$ t fährt auf der Höhe des 50. Breitengrades mit 110 km/h nach Norden. Wie groß ist die auftretende Seitenkraft K, und welche Schiene wird gedrückt?

Lösung:

$$K = 2\frac{G}{g}\Omega\, v \sin\varphi = 69{,}6 \text{ kp,}$$

östliche Schiene.

4. Eine Kreisscheibe drehe sich mit der gleichbleibenden Winkelgeschwindigkeit Ω_0 um die zur Scheibenebene senkrechte Achse O. Ein Punktkörper (Masse m) soll mit konstanter Relativgeschwindigkeit v_1 auf einer glatten Führungsschiene in Richtung des Durchmessers A–A bewegt werden.

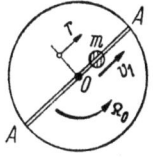

a) Welche Kraft $K_1(r)$ muß in Richtung der Schiene auf den Punktkörper wirken, damit die Forderung $v_1 =$ const erfüllt wird?

b) Welche Seitenkraft $K_2(r)$ wirkt von der Schiene her auf den Punktkörper?
c) Welche Leistung $N_1(t)$ ist zum Aufrechterhalten der geforderten Bewegung des Punktkörpers erforderlich?
d) Welche Leistung $N_2(t)$ muß vom Antrieb der Scheibe aufgebracht werden?
Anfangsbedingung: $t = 0$: $r = r_0$.

Lösung:

a) $K_1(r) = m \Omega^2 r$;

b) $K_2(r) = 2m \Omega v_1$;

c) $N_1(t) = m \Omega^2 v_1 (r_0 + v_1 t)$;

d) $N_2(t) = 2 N_1(t)$.

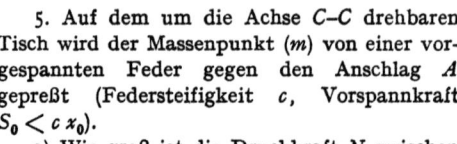

5. Auf dem um die Achse C–C drehbaren Tisch wird der Massenpunkt (m) von einer vorgespannten Feder gegen den Anschlag A gepreßt (Federsteifigkeit c, Vorspannkraft $S_0 < c x_0$).
a) Wie groß ist die Druckkraft N zwischen m und A, wenn der Tisch mit der Winkelgeschwindigkeit Ω rotiert?
b) Für welchen Wert Ω_0 der Winkelgeschwindigkeit wird $N = 0$?
c) Wie hängt für $\Omega > \Omega_0$ die Verschiebung x der Masse m von der Winkelgeschwindigkeit Ω ab? (Man zeichne ein $x(\Omega)$-Diagramm.)
d) Wie groß ist die Eigenkreisfrequenz ω des um seine Ruhelage $x(\Omega)$ auf dem rotierenden Tisch schwingenden Punktkörpers bei kleinen Schwingungen $\xi(t)$?
e) Welche Kraft $K(\xi)$ übt der Punktkörper auf die radialen Führungsschienen bei der Bewegung $\xi(t) = \xi_0 \cos\omega t$ aus?

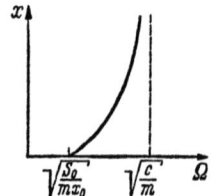

Lösung:

a) $N = S_0 - m \Omega^2 x_0$;

b) $\Omega_0 = \sqrt{\dfrac{S_0}{m x_0}}$;

c) $x(\Omega) = \dfrac{m \Omega^2 x_0 - S_0}{c - m \Omega^2}$,

d) $\omega = \sqrt{\dfrac{c}{m} - \Omega^2}$;

e) $K(\xi) = 2m \Omega \omega \xi_0 \sin\omega t$.

D. Drehung des starren Körpers um eine feste Achse

Auf dem Weg zu dem in der Ebene beliebig sich bewegenden starren Körper haben wir zwei Etappen zurückgelegt: die gradlinige und die ebene Bewegung des Punktkörpers. Wir kommen nun zum Körper endlicher Ausdehnung und betrachten zunächst die Rotation um eine raumfeste Achse.

§ 12. Kinematik der Rotationsbewegung; Momentensatz

a) Der starre Körper. Wie der an die Gerade gebundene Punktkörper, hat die um eine feste Achse O drehbare ebene Scheibe einen Freiheitsgrad. Die *Kinematik* ist simpel. Jeder Punkt der Scheibe beschreibt, wenn der Körper seine Gestalt nicht ändert, eine Kreisbahn, und die (Absolut-) Geschwindigkeit ist nach Fig. 12/1

$$v = r_{(0)}\, \dot\varphi$$

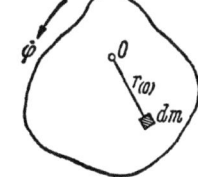

Fig. 12/1

($r_{(0)}$ der von 0 aus gezählte Abstand).
Die Beschleunigung hat zwei Komponenten,

$$r_{(0)}\, \ddot\varphi \text{ (zirkular) und } r_{(0)}\, \dot\varphi^2 \text{ (radial nach innen).} \tag{12.1}$$

Für jedes Massenelement dm gilt das *Newtonsche Gesetz*

$$r_{(0)}\, \ddot\varphi\, dm = \sum dK_\varphi, \quad -r_{(0)}\, \dot\varphi^2\, dm = \sum dK_r, \tag{12.1'}$$

wobei $\sum dK_\varphi$ und $\sum dK_r$ die Gesamtheit aller an dem Element angreifenden (auch der *zwischen* den Elementen wirkenden) Kräfte ist; dK_φ wird in Richtung wachsender φ, dK_r wird nach außen positiv gezählt. Auf die zweite Gl. (12.1'), die Kraftgleichung für die Radialrichtung, kommen wir in § 16 zurück. Die erste Gl. (12.1'), die Kraftgleichung für die Zirkularrichtung, verwandeln wir durch Multiplikation mit dem Hebelarm $r_{(0)}$ in den Momentensatz um die feste Achse, und integrieren dann über die Scheibe. *Rechts* heben sich dabei wegen actio = reactio die inneren Kräfte heraus [s. dazu die in § 22 formulierte Einschränkung]; d. h., es bleibt nur die Summe der Momente aller äußeren Kräfte (die z. B. mit umlaufen) um die feste Achse. *Links* erhalten wir $\int \ddot\varphi\, r_{(0)}^2\, dm$; da die Drehbeschleunigung für alle Massenteilchen dieselbe ist, können wir $\ddot\varphi$ vor das Integral ziehen und bekommen

$$\ddot\varphi \int r_{(0)}^2\, dm = \sum M^{(0)} \tag{12.1''}$$

(Summe der Momente der *äußeren* Kräfte),

74 D. Drehung des starren Körpers um eine feste Achse

wobei $r_{(0)}$ auf dem Körper (in einem „körperfesten Koordinatensystem") gemessen wird. Den Faktor von $\ddot{\varphi}$ nennen wir die *Drehmasse* der Scheibe bezüglich O:

$$\widetilde{m}^{(0)} = \int r_{(0)}^2 \, dm. \quad \text{(sprich ,,}m\text{ Bogen'')} \tag{12.2}$$

Berechnet wird $\widetilde{m}^{(0)}$ als ein Volumenintegral, $\widetilde{m}^{(0)} = \int r_{(0)}^2 \, \varrho \, dV$, das sich bei konstanter Dichte ϱ zu

$$\widetilde{m}^{(0)} = \varrho \int r_{(0)}^2 \, dV \tag{12.2'}$$

vereinfacht. Aus dem Volumenintegral wird bei konstanter Körperdicke h ein Flächenintegral

$$\widetilde{m}^{(0)} = \varrho \, h \int r_{(0)}^2 \, dF = \varrho \, h \, I_p, \tag{12.2''}$$

womit der Anschluß an die in der Elastomechanik auftretenden (und dort sinnloserweise „Trägheits"-Momente genannten) Flächenmomente zweiter Ordnung hergestellt ist.

Es liegt nahe, analog zu $I = i^2 F$ zu setzen

$$\widetilde{m}^{(0)} = i_{(0)}^2 \, m, \tag{12.3}$$

d. h. den Trägheitsarm oder Trägheitsradius $i_{(0)}$ (bezogen auf die Drehachse O) einzuführen. [Bringt man m als Punktmasse im Abstand $i_{(0)}$ von O an, so hat das Punktmassensystem dieselbe Drehträgheit wie die Scheibe mit ihrer verteilten Masse.] Die Bestimmung von $i_{(0)}$ ist eine rein geometrische Aufgabe, für die oft mit großem Vorteil der STEINERsche Satz in der Form

$$i_{(0)}^2 = i^2 + a^2 \tag{12.3'}$$

herangezogen wird, worin i (ohne Index) der Trägheitsradius für den Schwerpunkt S, a der Abstand zwischen O und S ist.

$$\left. \begin{array}{ll} \text{Für die Kreisscheibe ist} & i^2 = \tfrac{1}{2} r^2, \\ \text{für die Kugel} & i^2 = \tfrac{2}{5} r^2. \end{array} \right\} \tag{12.3''}$$

(12.1") ist das NEWTONsche Gesetz (Momentensatz) für die um eine feste Achse O rotierende starre Scheibe. Wenn wir beachten, daß zu jeder Kraft in der Drehachse die Gegenkraft wirkt, können wir statt von der abstrakten Größe Moment (= Hebelarm × Kraft) auch vom Kräftepaar oder noch besser von der Drehkraft sprechen, und schreiben

$$\widetilde{m}^{(0)} \, \ddot{\varphi} = \sum \widehat{K}^{(0)} \tag{12.4}$$

Drehmasse × Drehbeschleunigung = Summe der Drehkräfte.

b) Der unstarre Körper. Gl. (12.4) gilt nur, wenn der Körper seine Gestalt nicht ändert, d. h., wenn $r_{(0)}$ und damit $\widetilde{m}^{(0)}$ von t unabhängig ist. Verändert sich $r_{(0)}$ (Bewegung eines Turners z. B.), so sind die

§ 12. Kinematik der Rotationsbewegung; Momentensatz

Ausdrücke (12.1) zu ersetzen durch

$$b_\varphi = r_{(0)}\,\ddot\varphi + 2\dot r_{(0)}\,\dot\varphi,\qquad b_r = \ddot r_{(0)} - r_{(0)}\,\dot\varphi^2\quad [\text{s. } (7.7')],$$

und die Kräftesätze lauten

$$(r_{(0)}\,\ddot\varphi + 2\dot r_{(0)}\,\dot\varphi)\,dm = \sum dK_\varphi,\quad (\ddot r_{(0)} - r_{(0)}\,\dot\varphi^2)\,dm = \sum dK_r. \qquad (12.5)$$

Für den Momentensatz bzgl. O ist die zweite Gleichung uninteressant, die erste wird

$$\sum r_{(0)}\,dK_\varphi = (r_{(0)}^2\,\ddot\varphi + 2r_{(0)}\,\dot r_{(0)}\,\dot\varphi)\,dm = \frac{d}{dt}(r_{(0)}^2\,\dot\varphi)\,dm.$$

Integration über die Scheibe liefert

$$\sum \widehat{K}^{(0)} = \frac{d}{dt}\int r_{(0)}^2\,\dot\varphi\,dm = \frac{d}{dt}\left(\dot\varphi\int r_{(0)}^2\,dm\right) = \frac{d}{dt}(\dot\varphi\,\widehat{m}^{(0)}). \qquad (12.5')$$

Die Größe $\dot\varphi\,\widehat m^{(0)}$ ist das Impulsmoment (Drall)* des Körpers bzgl. O,

$$D^{(0)} \equiv \widehat m^{(0)}\,\dot\varphi$$

und der Momentensatz für veränderliche Drehmassen lautet daher

$$\dot D^{(0)} = \sum \widehat K^{(0)}. \qquad (12.6)$$

Im Sonderfall $\widehat m^{(0)} = \text{const}$ geht (12.6), wie es sein muß, über in das speziellere Gesetz (12.4).

Wir wollen aus (12.6) einige einfache Folgerungen ziehen. Ist $\sum M^{(0)} = 0$, so folgt

$$D^{(0)} = \text{const}. \qquad (12.6')$$

Das bedeutet z. B., daß eine Veränderung der Drehmasse durch eine Gegenveränderung der Drehgeschwindigkeit beantwortet wird: Verkleinert eine auf einem Drehschemel mit ausgestreckten Armen rotierende Person (Zustand I) die Drehmasse durch Anziehen der Arme (Zustand II), so vergrößert sich die Drehgeschwindigkeit im Verhältnis der Drehmassen:

$$\dot\varphi_{II}/\dot\varphi_I = \widehat m_I^{(0)}/\widehat m_{II}^{(0)} \qquad (12.7)$$

(Vorsicht, Gefahr des Hinunterfallens!).

Eine andere Anwendung des Satzes (12.6') zeigt uns die Katze, die bekanntlich, auch wenn sie keinerlei Anfangsdrall hat, stets auf ihre Füße fällt. Die Katze läßt einen Teil ihres Körpers (den Schwanz) rotieren und aus dem Drallsatz für die beiden Teile

$$\widehat m_K\,\dot\varphi_K + \widehat m_S\,\dot\varphi_S = \text{Anfangsdrall} = 0$$

folgt für die Drehgeschwindigkeit des Körpers

$$\dot\varphi_K = -\frac{\widehat m_S}{\widehat m_K}\,\dot\varphi_S. \qquad (12.7')$$

Für genügend große Drehgeschwindigkeit des Schwanzes wird also eine Drehung des Körpers $\varphi_K = \int \dot\varphi_K\,dt$ bewirkt, die die Füße nach unten bringt.

---
* Siehe Anmerkung S. 84.

Der Momentensatz unterscheidet sich also darin wesentlich vom Kräftesatz. Die Schwerpunktsgeschwindigkeit kann man (sofern man nicht Masse abwirft) nur durch äußere Kräfte, die Drehgeschwindigkeit kann man auch durch innere Kräfte (Veränderung von $\widetilde{m}$) beeinflussen.

§ 13. Zwei Beispiele zum Momentensatz

Erstes Beispiel: In Fig. 13/1 ist der sog. PRONYsche Bremszaum skizziert: Die Bremsbacke wird durch einen Hebel gegen das Rad (oder die Welle) gedrückt, und infolge der Reibung entsteht eine Tangentialkraft R, die die Drehung des Rades abbremst. Es soll bestimmt werden: die *Zeit*, und die *Zahl der Umdrehungen*, bis zum Stillstand. Der Momentensatz für Hebel und Rad liefert (Fig. b):

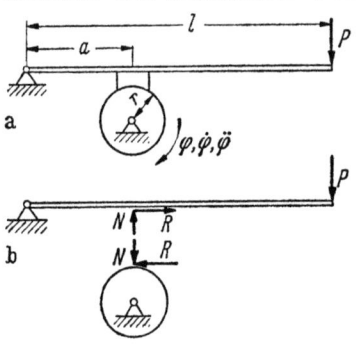

Fig. 13/1

$$N = P(l/a);$$
$$\widetilde{m}\,\ddot{\varphi} = -r R.$$
(13.1a)

Ist die Reibung unabhängig von der Geschwindigkeit (COULOMB):

$$R = \mu N, \qquad (13.1\,b)$$

so hat die Differentialgleichung eine konstante rechte Seite, und die Integration ist elementar. Mit

der Anfangsgeschwindigkeit $\dot{\varphi}_0$

und dem Anfangswinkel $\varphi_0 = 0$

ergibt sich

$$\widetilde{m}\,\dot{\varphi} - \widetilde{m}\,\dot{\varphi}_0 = -(r R)\,t,$$

$$\widetilde{m}\,\varphi = (\widetilde{m}\,\dot{\varphi}_0)\,t - (r R)\,\frac{t^2}{2}.$$

Die Zeit bis zum Stillstand ($\dot{\varphi} = 0$) ist also

$$t_{st} = \frac{\widetilde{m}\,\dot{\varphi}_0}{r R} = \frac{\text{Drehimpuls}}{\text{Drehkraft}}, \qquad (13.2)$$

und aus der zweiten Gleichung folgt damit

$$\varphi_{st} = \frac{\tfrac{1}{2}\widetilde{m}\,\dot{\varphi}_0^2}{r R} = \frac{\text{Drehenergie}}{\text{Drehkraft}}. \qquad (13.3)$$

Die Zahl der Umdrehungen ist

$$n = \frac{\varphi_{st}}{2\pi} = \frac{1}{2\pi}\,\frac{\tfrac{1}{2}\widetilde{m}\,\dot{\varphi}_0^2}{r R}.$$

§ 13. Zwei Beispiele zum Momentensatz

Die Ergebnisse (13.2) und (13.3) kann man auch ohne Zeitintegration hinschreiben: Bei *konstanter* Kraft ist

(Dreh-) Impuls = (Dreh-) Kraft × Zeit,

(Dreh-) Energie = (Dreh-) Kraft × (Dreh-) Weg.

Zweites Beispiel: Wenn die um den Punkt A in Fig. 13/2 schwenkbare rotierende Walze die Wand berührt, wird sie ebenfalls durch eine zeitlich konstante Reibungskraft

$$R = \mu N \qquad (13.4a)$$

gebremst. Der Momentensatz für O fordert

$$\widetilde{m}\,\ddot{\varphi} = -r R,$$

die Integrationsaufgabe ist also dieselbe wie beim ersten Beispiel. Aber die Bestimmung von R erfordert etwas mehr Statik. Die beiden Kräftesätze für die Walze in Fig. 13/2b lauten (wenn sich die Walze rechts herum dreht, wirkt R nach unten):

$$\left.\begin{array}{r} N - S\cos\beta = 0, \\ G + R - S\sin\beta = 0. \end{array}\right\} \qquad (13.4b)$$

Eliminiert man aus den 3 Gleichungen (13.4) S und N, so folgt

$$R = \frac{G\mu}{\tan\beta - \mu}. \qquad (13.5)$$

Dieses Ergebnis ist insofern bemerkenswert, als im Nenner ein Minuszeichen auftaucht; der Nenner kann Null, formal sogar negativ werden. Die mechanische Bedeutung des Ergebnisses machen wir am besten

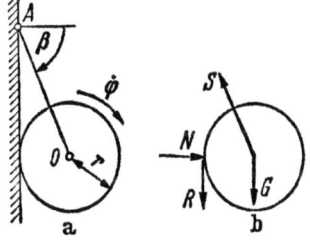

Fig. 13/2

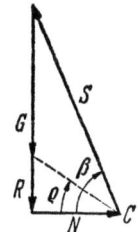

Fig. 13/3

anhand von Fig. 13/3 klar. Gl. (13.4b) fordert, daß sich das Krafteck der 4 Kräfte S, G, R, N [mit der Nebenbedingung (13.4a)] schließt, wobei wir für die Zeichnung durch

$$\mu = \tan\varrho$$

den Reibungs*winkel* ϱ einführen. Aus der Figur entnimmt man

$$\tan\beta = \frac{R+G}{N}, \quad \tan\varrho = \frac{R}{N}, \quad \text{d. h.} \quad \frac{\tan\beta}{\tan\varrho} = 1 + \frac{G}{R},$$

was mit (13.5) übereinstimmt. Da G festliegt, wandert der Punkt C für wachsendes R immer weiter weg; in der Grenze

$$\tan \varrho = \tan \beta$$

fällt er ins Unendliche, d. h. alle 3 Reaktionskräfte, S, R, N, werden unendlich groß. Aus (13.2) folgt, daß die Bremszeit $t_{st} \to 0$ geht für $R \to \infty$. Für $\beta = \varrho$ wird die Walze also *stoßartig* blockiert: die Materialien „fressen".

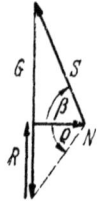

Für Werte $\varrho > \beta$ gilt (13.5) nicht, denn weder R noch N können negativ werden: N muß eine Druckkraft sein, und das Vorzeichen von R ist durch die Drehrichtung der Walze festgelegt. Für $\varrho > \beta$ wird die Walze, wie für $\varrho = \beta$, sofort blockiert, aus R wird eine Haftkraft H, genauer ein Haftstoß $\hat H$.

Fig. 13/4

Dreht sich die Welle links herum, so gilt Fig. 13/4, und es ergibt sich

$$R = \frac{G \mu}{\tan \beta + \mu}. \tag{13.6}$$

Diesmal findet kein Blockieren statt; die Bremszeit wird

$$t_{st} = \frac{\widehat{m} \; \dot{\varphi}_0}{G \, r} \left(1 + \frac{\tan \beta}{\mu}\right), \tag{13.7}$$

d. h. sie bleibt endlich sogar für beliebig große Werte μ.

§ 14. Drehschwingungen

a) Körperpendel. Als *erstes Beispiel* betrachten wir das Körperpendel* Fig. 14/1. Die Bewegungsgleichung lautet (Momentensatz um O)

$$\widehat{m}^{(0)} \ddot{\varphi} = - G a \sin \varphi, \tag{14.1}$$

für kleine Winkel φ also

$$\widehat{m}^{(0)} \ddot{\varphi} + G a \varphi = 0. \tag{14.1'}$$

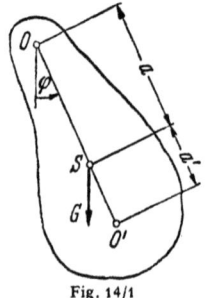

Gl. (14.1') hat die Form der Schwingungsgleichungen (3.1) oder (8.8'); die Eigenfrequenz ist daher

$$\omega^2 = \frac{G a}{\widehat{m}^{(0)}}. \tag{14.1*}$$

Fig. 14/1

Die rechte Seite in (14.1*) läßt sich hübscher schreiben: vermöge

$$G = m g \quad \text{und} \quad \widehat{m}^{(0)} = m \, i_{(0)}^2$$

---

* Gegensatz: Punktpendel Fig. 8/6. Die vielfach gebrauchten Worte „physikalisches" und „mathematisches" Pendel sind weniger bezeichnend.

§ 14. Drehschwingungen

wird

$$\omega^2 = g/l^* \quad \text{mit} \quad l^* = \frac{i_{(0)}^2}{a}. \tag{14.2}$$

Die Größe l^* heißt die reduzierte Pendellänge [s. die ω-Formel (8.8*)]. Wegen $i_{(0)}^2 = i^2 + a^2$, ist

$$l^* = \frac{i^2}{a} + a, \tag{14.2'}$$

d. h., zwischen l^* und a besteht die Beziehung

$$(l^* - a)\,a = i^2.$$

In Fig. 14/2 ist ein rechtwinkliges Dreieck mit dem Hypothenusenabschnitt a und der Höhe i gezeichnet; wegen

$$a\,a' = i^2$$

ist

$$l^* = a + a'. \tag{14.2''}$$

Die Fig. 14/2 lehrt zweierlei: l^* erreicht seinen Kleinstwert für $a' = a = i$ [nach Gl. (14.2) ist $\omega_{\max} = \sqrt{g/2i}$], und ganz allgemein sind die Strecken a und a' gleichberechtigt: das in O' aufgehängte Pendel hat dieselbe Schwingungsdauer wie das Pendel Fig. 14/1. Man kann das „Reversionspendel" dazu benutzen, l^* zu *messen* (Variation des Punktes O' mit Hilfe einer Mikrometerschraube, bis ω übereinstimmt); dann liefert

$$\widehat{m} \equiv \widehat{m}^{(S)} = m\,a\,(l^* - a)$$

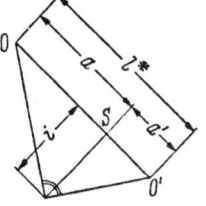

Fig. 14/2

die Drehmasse. Überdies erlaubt (14.2) über eine ω-Messung die Erdbeschleunigung g zu bestimmen.

Als *zweites Beispiel* betrachten wir die Schaukel Fig. 14/3a. Wenn der Balken AB parallel zu sich selbst schwingt, gilt für die Frequenz die einfache Pendelformel (Seilmasse klein)

$$\omega \equiv \omega_{\mathrm{I}} = \sqrt{g/l}. \tag{14.3a}$$

Die Schaukel hat aber noch eine zweite Schwingungsmöglichkeit (einen zweiten Freiheitsgrad): die in Fig. b angedeutete Drehung des Balkens

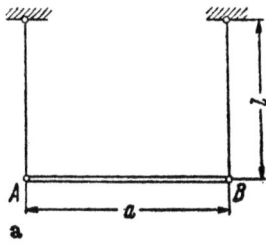

Fig. 14/3a

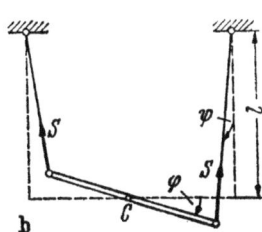

Fig. 14/3b

um C, heraus aus der Zeichenebene. Die beiden Seilkräfte S sind gegeneinander geneigt, und ihre Waagerechtkomponenten bilden ein rückführendes Kräftepaar vom Betrag $\widehat{K} = a(S\,\psi)$ (kleine Winkel!). Da die Seile je das halbe Balkengewicht tragen, ist

$$S = \frac{G}{2}, \quad \text{d. h.} \quad \widehat{K} = a\frac{G}{2}\psi.$$

Der Momentensatz für C lautet daher

$$\widehat{m}\,\ddot{\varphi} = -a\frac{G}{2}\psi,$$

und da zwischen φ und ψ die Beziehung

$$\frac{a}{2}\varphi = l\,\psi$$

besteht, so ergibt sich als Schwingungsgleichung

$$\widehat{m}\,\ddot{\varphi} + \frac{a^2}{4l}G\,\varphi = 0.$$

Die Kreisfrequenz ist

$$\omega \equiv \omega_{\text{II}} = \sqrt{g/l^*} \quad \text{mit} \quad l^* = \frac{4l\,\widehat{m}}{m\,a^2} = l\,\frac{4i^2}{a^2}.$$

Ist der Balken homogen, so ist $i^2 = a^2/12$, und

$$\omega_{\text{II}} = \sqrt{g/l^*} = \sqrt{3}\,\sqrt{g/l}; \qquad (14.3\text{b})$$

die Querbewegung der Schaukel ist also schneller als ihre Hauptbewegung. Die allgemeine Schwingung des Gebildes „mit 2 Freiheitsgraden" setzt sich aus den 2 Einzelschwingungen zusammen: es entsteht die Torkelbewegung der schief angestoßenen Schaukel.

b) Torsionsschwinger. Die technisch wichtigsten Drehschwingungen treten in der tordierten Maschinenwelle auf. Verbindet ein Torsionsstab die konzentrierte Drehmasse (Scheibe) mit „fest", (Fig. 14/4), so lautet die Schwingungsgleichung

$$\widehat{m}\,\ddot{\varphi} = -\widehat{c}\,\varphi. \qquad (14.4)$$

Die Drehfedersteifigkeit wird in der Torsionstheorie bestimmt*; es ist

$$\frac{M}{\varphi} \equiv \widehat{c} = \frac{G\,I_T}{l}. \qquad (14.4')$$

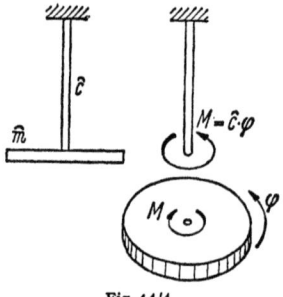

Fig. 14/4

Im Gegensatz zur Federsteifigkeit $c = \dfrac{EF}{l}$ des Dehnstabes (Dimension Kraft/Länge) hat die Drehfedersteifigkeit $\widehat{c}$ die Dimension Drehkraft/Winkel, also Kraft × Länge. Zur Schwingungsgleichung (14.4) gehört die Eigen-

---

* Siehe TM II, § 15.

§ 14. Drehschwingungen

frequenz
$$\omega^2 = \frac{\hat{c}}{\widetilde{m}};\qquad(14.4^*)$$

wie in (3.2*) ist die Eigenfrequenz bestimmt durch das Verhältnis von einer Steifigkeit zu einer Masse.

Ist die Torsionsfeder eine Maschinenwelle, so verbindet sie nicht eine Drehmasse mit einem festen Punkt, sondern mehrere (bewegliche) Drehmassen miteinander. Wir wollen den einfachsten Fall betrachten:

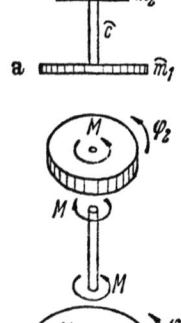

Fig. 14/5

die zwei durch ein Wellenstück verbundenen Drehmassen Fig. 14/5a. Die drei Unbekannten, φ_1, φ_2 und M, bestimmen sich aus drei Gleichungen:

$$\left.\begin{array}{c}\widetilde{m}_1\ \ddot{\varphi}_1 = -M,\quad \widetilde{m}_2\ \ddot{\varphi}_2 = M \\ \text{und}\qquad M = \hat{c}(\varphi_1 - \varphi_2).\end{array}\right\}\quad(14.5)$$

Elimination von M liefert die beiden „Bewegungsgleichungen"

$$\widetilde{m}_1\ \ddot{\varphi}_1 = \hat{c}(\varphi_2 - \varphi_1),\quad \widetilde{m}_2\ \ddot{\varphi}_2 = \hat{c}(\varphi_1 - \varphi_2).\quad(14.5')$$

Obwohl der Schwinger im Sinne unserer Definition (S. 2) *zwei* Freiheitsgrade hat (die beiden Bewegungsmöglichkeiten φ_1 und φ_2), hat er nur *eine* Schwingungsmöglichkeit, d. h. nur eine von Null verschiedene Eigenfrequenz. In der Tat folgt aus (14.5') durch Addition

$$\widetilde{m}_1\ \ddot{\varphi}_1 + \widetilde{m}_2\ \ddot{\varphi}_2 = 0,$$

also keine Schwingungsgleichung, sondern die Aussage, daß der Drall in dem von äußeren Drehkräften freien Gebilde konstant ist (s. § 15):

$$\widetilde{m}_1\ \dot{\varphi}_1 + \widetilde{m}_2\ \dot{\varphi}_2 = C.\qquad(14.5'')$$

Wir zerlegen nun die Winkelgeschwindigkeiten in einen (uninteressanten) Mittelwert $\dot{\varphi}_0$ und Schwankungen $\dot{\psi}_1$ und $\dot{\psi}_2$:

$$\dot{\varphi}_1 = \dot{\varphi}_0 + \dot{\psi}_1,\quad \dot{\varphi}_2 = \dot{\varphi}_0 + \dot{\psi}_2.\qquad(14.6)$$

Wenn wir $\dot{\varphi}_0$ durch den Gesamtdrall definieren, so ist in (14.5'') $C = (\widetilde{m}_1 + \widetilde{m}_2)\dot{\varphi}_0$ und mit (14.6) folgt

$$\widetilde{m}_1\ \dot{\psi}_1 + \widetilde{m}_2\ \dot{\psi}_2 = 0\quad\text{oder}\quad \dot{\psi}_2/\dot{\psi}_1 = -\widetilde{m}_1/\widetilde{m}_2,\qquad(14.6')$$

d. h., das Verhältnis der Geschwindigkeiten $\dot{\psi}_i$ ist durch das Massenverhältnis festgelegt. Setzt man (14.6') und (14.6) in (z. B.) die erste der Gln. (14.5') ein, so ergibt sich, da $\ddot{\varphi}_0 = 0$ ist,

$$\widetilde{m}_1\ \ddot{\psi}_1 = -\hat{c}\,\psi_1\left(1 + \frac{\widetilde{m}_1}{\widetilde{m}_2}\right),\quad\text{d. h.}\quad \frac{\widetilde{m}_1\,\widetilde{m}_2}{\widetilde{m}_1 + \widetilde{m}_2}\ddot{\psi}_1 + \hat{c}\,\psi_1 = 0,\quad(14.7)$$

und daher

$$\omega^2 = \frac{\hat{c}}{\widetilde{m}^*}\quad\text{mit}\quad \widetilde{m}^* = \frac{\widetilde{m}_1\,\widetilde{m}_2}{\widetilde{m}_1 + \widetilde{m}_2}.\qquad(14.7^*)$$

Dasselbe ergibt sich natürlich aus der zweiten Gl. (14.5′). Bemerkenswert an Gl. (14.7*) ist das Bildungsgesetz für die „resultierende" Masse; es ist

$$\frac{1}{\widehat{m}^*} = \frac{1}{\widehat{m}_1} + \frac{1}{\widehat{m}_2}, \qquad (14.7')$$

d. h., die Reziproke der resultierenden Masse ist gleich der Summe der reziproken Massen; für $1/\widehat{m}_2 = 0$ (feste Wand) geht (14.7*) über in (14.4*).

Obwohl mit (14.7*) unsere Aufgabe — die Bestimmung der Eigenfrequenz des Schwingers Fig. 14/5 — gelöst ist, wollen wir noch kurz zwei Herleitungen erörtern, die den Einblick in Mechanik und Mathematik des Problems vertiefen.

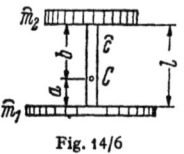

Fig. 14/6

Was zunächst die *Mechanik* anlangt, so ist anschaulicher als das Gleichungssystem (14.5) die folgende Überlegung: Eine Schwingung, die sich der gleichförmigen Rotation $\dot{\varphi}_0$ überlagert, kann nur so zustande kommen, daß die beiden Ausschläge $\psi_1 = \varphi_1 - \varphi_0$ und $\psi_2 = \varphi_2 - \varphi_0$ entgegengesetzte Vorzeichen haben. Es muß also auf der Welle einen Punkt C geben, der — für die Schwingung — in Ruhe ist. Dort können wir uns die Welle also festgehalten denken. Nach (14.4′) und (14.4*) ist daher

$$\omega^2 = \frac{G I_T}{a\,\widehat{m}_1} = \frac{l}{a}\,\frac{\widehat{c}}{\widehat{m}_1} \quad \text{und} \quad \omega^2 = \frac{G I_T}{b\,\widehat{m}_2} = \frac{l}{b}\,\frac{\widehat{c}}{\widehat{m}_2}.$$

Daraus folgt

$$\frac{b}{a} = \frac{\widehat{m}_1}{\widehat{m}_2}, \quad \text{d. h.} \quad \frac{l}{a} = \frac{\widehat{m}_1 + \widehat{m}_2}{\widehat{m}_2} \quad \text{und damit} \quad \omega^2 = \widehat{c}\,\frac{\widehat{m}_1 + \widehat{m}_2}{\widehat{m}_1\,\widehat{m}_2}.$$

Mathematisch am einfachsten wird die Herleitung der Formel (14.7*), wenn man sich an die zu Fig. 14/5 „duale" Aufgabe Fig. 14/7 erinnert. Wenn wir mit $\widehat{h}_i$ die Drehfedernachgiebigkeiten bezeichnen, sind die drei Gleichungen zur Bestimmung von M_1, M_2 und φ:

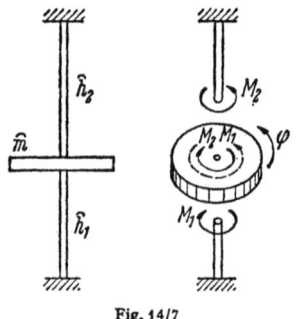

Fig. 14/7

$$\widehat{h}_1 M_1 = -\varphi, \quad \widehat{h}_2 M_2 = \varphi$$
und
$$\widehat{m}\,\ddot{\varphi} = M_1 - M_2. \qquad (14.8)$$

Eliminiert man die beiden Kraftgrößen, so ergibt sich

d. h.
$$\widehat{m}\,\ddot{\varphi} = -\left(\frac{1}{\widehat{h}_1} + \frac{1}{\widehat{h}_2}\right)\varphi, \qquad (14.8')$$

$$\omega^2 = \frac{1}{\widehat{h}_{\text{res}}\,\widehat{m}} \quad \text{mit} \quad \frac{1}{\widehat{h}_{\text{res}}} = \frac{1}{\widehat{h}_1} + \frac{1}{\widehat{h}_2} \quad (14.8^*)$$

(parallel geschaltete Federn; die Steifigkeiten $\widehat{c}_i = 1/\widehat{h}_i$ werden addiert).

§ 15. Umformungen: Trägheitsdrehkraft, Drehimpuls, Drehenergie

Genau so einfach erhält man ω^2 aus den 3 Gln. (14.5), wenn man (so ungewohnt dies im ersten Augenblick erscheint) die Verschiebungsgrößen eliminiert: Es ergibt sich

d. h.
$$\dot{M} = -\hat{c}\left(\frac{M}{\widehat{m}_1} + \frac{M}{\widehat{m}_2}\right),$$

und daher sofort
$$\dot{M} + \hat{c}\left(\frac{1}{\widehat{m}_1} + \frac{1}{\widehat{m}_2}\right)M = 0, \tag{14.9}$$

$$\omega^2 = \frac{\hat{c}}{\widehat{m}_{\text{res}}} \quad \text{mit} \quad \frac{1}{\widehat{m}_{\text{res}}} = \frac{1}{\widehat{m}_1} + \frac{1}{\widehat{m}_2}. \tag{14.9*}$$

Der Analogieschluß ist eine der wichtigsten Erkenntnisquellen der Physik; unser Beispiel zeigt, wie „Dualitäten" (Zuordnungen, hier von $\widehat{h}_i$ und $\widehat{m}_i$) in diesem Sinne fruchtbar sein können.

§ 15. Die drei Umformungen: Trägheitsdrehkraft, Drehimpuls, Drehenergie

a) Trägheitsdrehkraft und d'Alembertsches Prinzip. Wie dem Kräftesatz kann man dem Momentensatz dadurch, daß man das Glied Drehmasse × Drehbeschleunigung als (Dreh-),,Kraft" deutet, eine für das Rechnen bequemere Form geben. In Fig. 15/1 z. B. werde nach $\ddot{x}$ gefragt, wobei die Drehträgheit der beiden Walzen nicht vernachlässigbar sei. Wollen wir das lästige Aufschneiden samt Elimination der Schnittkräfte vermeiden, so benutzen wir das Prinzip der virtuellen Verrückungen. Die Gleichgewichtsforderung für die 4 „Kräfte" G, $-m\ddot{x}$, $-\widehat{m}_1\ddot{\varphi}_1$, $-\widehat{m}_2\ddot{\varphi}_2$ lautet dann

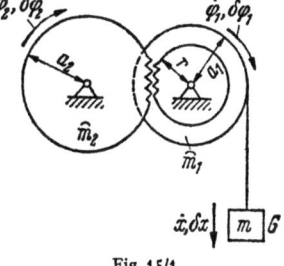

Fig. 15/1

$$(G - m\ddot{x})\delta x - (\widehat{m}_1 \ddot{\varphi}_1)\delta\varphi_1 - (\widehat{m}_2 \ddot{\varphi}_2)\delta\varphi_2 = 0. \tag{15.1}$$

Aus dieser Gleichung ergibt sich $\ddot{x}$, wenn wir die geometrischen Bedingungen

$$\ddot{x} = a_1 \ddot{\varphi}_1 \quad \text{und} \quad r\dot{\varphi}_1 = -a_2\dot{\varphi}_2 \tag{15.2}$$

berücksichtigen und für δx, $\delta\varphi_1$, $\delta\varphi_2$ dieselben Forderungen stellen*.

---

* Das ist in (15.1) schon vorausgesetzt, sonst hätten dort die Schnittkräfte Arbeit leisten, d. h. in Erscheinung treten müssen.

84   D. Drehung des starren Körpers um eine feste Achse

Es soll also gelten

$$\delta x = a_1\, \delta\varphi_1 \quad \text{und} \quad r\,\delta\varphi_1 = -a_2\,\delta\varphi_2. \tag{15.2'}$$

Aus (15.2) folgt, da die Radien r, a_i konstant sind,

$$\ddot{x} = a_1\,\ddot{\varphi}_1 \quad \text{und} \quad r\,\ddot{\varphi}_1 = -a_2\,\ddot{\varphi}_2, \tag{15.2''}$$

und aus (15.1), (15.2') und (15.2'') ergibt sich

$$\left.\begin{array}{c} \ddot{x} = \dfrac{G}{m + m_1^* + m_2^*}, \\[4pt] \text{mit den ,,reduzierten Massen``} \\[4pt] m_1^* = \dfrac{\overline{m}_1}{a_1^2}, \quad m_2^* = \dfrac{\overline{m}_2}{a_2^2}\,\dfrac{r^2}{a_1^2}. \end{array}\right\} \tag{15.1'}$$

Das Beispiel zeigt, wie übersichtlich die Berechnung vielgliedriger Systeme wird, wenn man das Prinzip der virtuellen Verrückungen auf Trägheitskräfte ausdehnt (D'ALEMBERT). Anstatt Schnittkräfte umständlich zu eliminieren, hat man nur zweimal dieselbe Geometrie anzuschreiben: für die wirklichen und für die virtuellen Bewegungen.

b) Drehimpuls (Drall). Wie aus dem Kräftesatz durch Integration über die Zeit der Impulssatz entsteht, so entsteht aus dem Momentensatz der Drehimpuls- oder *Drallsatz**:

$$(\overline{m}\,\dot{\varphi}) - (\overline{m}\,\dot{\varphi})_0 = \int_0^{\varDelta t} M\,dt \equiv \hat{M}. \tag{15.3}$$

Wie der Impulssatz ist der Drallsatz nützlich insbesondere für die Behandlung von Stoßproblemen ($\varDelta t$ sehr klein).

Ein Beispiel ist das Kuppeln zweier Drehmassen Fig. 15/2: Die mit $\dot{\varphi}_v$ umlaufende Masse *1* ,,nehme die Masse *2* mit``. Für die beiden

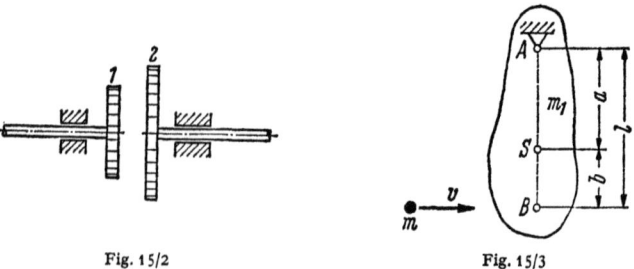

Fig. 15/2   Fig. 15/3

---

* Die Worte Drehimpuls und Drall sind synonym, aber natürlich hat das Wort Drall den Vorzug der Kürze; Drehimpuls ist die Resultante aus Impulspaaren (Beispiel Fig. 15/2). Wird die Achse A beansprucht (Fig 15/3), so daß es wesentlich ist, die Hebelarme von A aus zu **zählen**, sprechen wir besser vom Impulsmoment.

§ 15. Umformungen: Trägheitsdrehkraft, Drehimpuls, Drehenergie

Scheiben gilt:

$$(1): \widehat{m}_1 \dot{\varphi}_1 - \widehat{m}_1 \dot{\varphi}_v = \hat{M},$$

$$(2): \widehat{m}_2 \dot{\varphi}_2 = -\hat{M},$$

Addition liefert

$$\widehat{m}_1 \dot{\varphi}_1 + \widehat{m}_2 \dot{\varphi}_2 = \widehat{m}_1 \dot{\varphi}_v,$$

in Worten:

Drall nachher = Drall vorher

(da ja keine *äußeren* Drehkräfte wirken). Da die Körper nachher haften (plastischer Stoß), ist außerdem $\dot{\varphi}_1 = \dot{\varphi}_2 \equiv \dot{\varphi}_n$; und daraus folgt

$$\dot{\varphi}_n = \frac{\widehat{m}_1}{\widehat{m}_1 + \widehat{m}_2} \dot{\varphi}_v. \tag{15.4}$$

Ein anregenderes Beispiel ist das sog. ballistische Pendel Fig. 15/3: Durch Messen des Pendelausschlages soll die Geschwindigkeit v einer Masse m, die in das Pendel hineingeschossen wird, bestimmt werden. Aus

Impulsmoment nachher = Impulsmoment vorher

$$m v_n l + \widehat{m}_1^{(A)} \dot{\varphi}_0 = m v l \tag{15.5}$$

(Bezugspunkt A) folgt mit $v_n = \dot{x}_B = l \dot{\varphi}_0$ (plastischer Stoß):

$$\dot{\varphi}_0 = \frac{m l}{m l^2 + \widehat{m}_1^{(A)}} v.$$

Wenn die Masse m_1 des Pendels groß ist gegen die des Geschosses, kann $m l^2$ im Nenner wegbleiben, und man hat

$$\dot{\varphi}_0 = \frac{m l v}{\widehat{m}_1^{(A)}} = \frac{m}{m_1} \frac{l v}{i_{(A)}^2}. \tag{15.5'}$$

Für die Pendelschwingung (kleine Winkel) ist nach (14.2)

$$\omega^2 = g/l^* \quad \text{mit} \quad l^* = i_{(A)}^2/a. \tag{15.5''}$$

Da das Pendel die Bewegung mit $\varphi = 0$, $\dot{\varphi} = \dot{\varphi}_0$ beginnt, lautet sein Bewegungsgesetz

$$\varphi(t) = \frac{\dot{\varphi}_0}{\omega} \sin \omega t,$$

und der Maximalausschlag ist

$$\varphi_{\max} \equiv \varphi_1 = \frac{\dot{\varphi}_0}{\omega}.$$

Wegen (15.5') und (15.5'') ist also

$$v = \frac{m_1}{m} \frac{i_{(A)}}{l} \sqrt{g a} \, \varphi_1. \tag{15.6}$$

c) Drehenergie. Dieselbe Größe $\widehat{m}^{(A)}$ wie im Drehimpuls (oder Impulsmoment) tritt auch in dem Ausdruck für die kinetische Energie auf. Es ist (Fig. 15/4)

$$T = \frac{1}{2} \int v^2 \, dm = \frac{\dot\varphi^2}{2} \int r_{(A)}^2 \, dm = \frac{1}{2} \widetilde{m}^{(A)} \dot\varphi^2. \tag{15.7}$$

Greift im Abstand a senkrecht zur Achse eine Kraft K an, so leistet sie eine Arbeit

$$\int K \, ds = \int K \, a \, d\varphi = \int \widehat{K} \, d\varphi,$$

und der Energiesatz lautet daher

$$\tfrac{1}{2} \widetilde{m}^{(A)} \dot\varphi^2 - \tfrac{1}{2} \widetilde{m}^{(A)} \dot\varphi_0^2 = \int \widehat{K} \, d\varphi \tag{15.8}$$

Änderung der kinetischen Energie = Arbeit der Drehkraft.

Eine hübsche Möglichkeit, den Energiesatz anzuwenden, steckt in dem Pendelbeispiel Fig. 15/3. *Nach* dem Stoß tritt kein Energieverlust auf — der Maximalausschlag ($\dot\varphi = 0$) ergibt sich daher aus

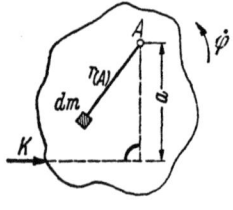

Fig. 15/4

$$-\tfrac{1}{2} \widetilde{m}^{(A)} \dot\varphi_0^2 = -\int_0^{\varphi_1} (G_1 \, a \sin\varphi) \, d\varphi$$

$$= -G_1 a (1 - \cos\varphi_1). \tag{15.9}$$

Mit (15.5') folgt daraus

$$v = \frac{m_1}{m} \frac{i_{(A)}}{l} \sqrt{2 g \, a (1 - \cos\varphi_1)}, \tag{15.9'}$$

was für kleine Ausschläge φ_1 in (15.6) übergeht. Aus (15.9') kann man aber v auch dann ausrechnen, wenn das Pendel große Ausschläge macht, d. h., wenn die linearisierte Schwingungsgleichung, und daher (15.6), nicht mehr gilt.

d) Arbeit und Leistung. Arbeit und Leistung werden definiert wie bei der Bewegung der Punktmasse. Ist $d\mathfrak{K}$ die am Massenelement dm angreifende Kraft, so gilt

$$\delta \, dA = d\mathfrak{K} \cdot \delta\mathfrak{s}, \qquad dL = d\mathfrak{K} \cdot \mathfrak{v}.$$

Da die Bewegung des Massenpunktes durch die — ebene —Drehung des starren Körpers ensteht ($\delta\mathfrak{s}$, $\mathfrak{v} \perp$ auf dem Vektor $\mathfrak{r}$ von der Drehachse zum Massenelement) ist

$$|\delta\mathfrak{s}| = r \, \delta\varphi, \qquad |\mathfrak{v}| = r \, \dot\varphi$$

($\delta\varphi$, $\dot\varphi$ die allen Elementen gemeinsame Drehbewegung), und für das Produkt Kraft $|d\mathfrak{K}|$ mal Hebelarm r können wir dM schreiben. Die Integration über den Körper ergibt daher

$$\delta A = M^{(0)} \, \delta\varphi, \qquad L = M^{(0)} \, \dot\varphi,$$

wobei $M^{(0)}$ das resultierende Moment der *äußeren* Kräfte ist.

§ 16. Der nichtscheibenförmige Körper; ein Auswuchtbeispiel 87

Bei der nichtebenen Drehbewegung schreibt man, mit dem Vektor $\mathfrak{o}$ der Drehgeschwindigkeit, $\mathfrak{v} = \mathfrak{o} \times \mathfrak{r}$, und aus $\mathfrak{o} \times \mathfrak{r} \cdot d\mathfrak{K}$ wird $\mathfrak{o} \cdot \mathfrak{r} \times d\mathfrak{K} = \mathfrak{o} \cdot d\mathfrak{M}$, d. h. es ergibt sich

$$L = \mathfrak{M} \cdot \mathfrak{o}$$

und entsprechend

$$\delta A = \mathfrak{M} \cdot \delta \varphi_{\text{Vektor}}.$$

§ 16. Der nicht-scheibenförmige Körper; ein Auswuchtbeispiel

Wegen des damit verbundenen mathematischen Aufwandes können wir in diesem Büchlein Kinematik und Kinetik der allgemein räumlichen Bewegung nicht behandeln. *Eine* Bewegung läßt sich indessen ohne Schwierigkeit beschreiben: Die Rotation des Körpers um eine raumfeste Achse: „Körper" im Gegensatz zur vorher betrachteten „Scheibe", deren z-Erstreckung außer Betracht bleiben konnte. Da das zugehörige Gleichungssystem den vielleicht wichtigsten Aspekt der Bewegung räumlicher Gebilde hervortreten läßt, daß nämlich Drehgeschwindigkeit und Moment in drei Dimensionen Vektorcharakter haben, soll es angeschrieben und auf ein einfaches Auswuchtbeispiel angewendet werden.

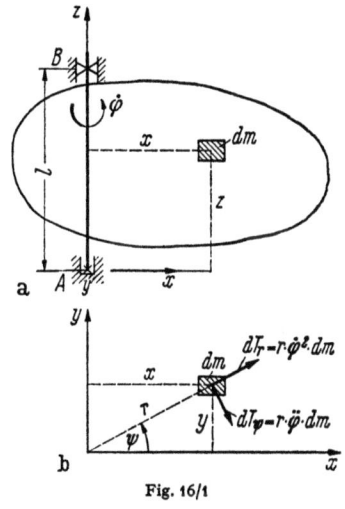

Fig. 16/1

Die Fig. 16/1a deutet den Körper an. Er sei fünffach gelagert, im Lagerpunkt A seien drei, im Lagerpunkt B zwei Stützkräfte vorhanden.

Der Körper hat dann einen Freiheitsgrad der Bewegung, die Drehung φ um die z-Achse. Für die Bestimmung der 6 Unbekannten (5 Auflagerkräfte und die Winkelgeschwindigkeit $\dot\varphi$) stehen 6 Gleichungen zur Verfügung, 3 Kräfteaussagen und 3 Momentenaussagen bezüglich der drei (z. B.) durch A gelegten Achsen x, y, z. Und zwar wollen wir „körperfeste" Achsen benutzen, d. h. ein bewegtes, mit dem rotierenden Körper fest verbundenes Koordinatensystem. Dann wirken an jedem Massenelement dm die in Fig. 16/1b gezeichneten Trägheitskräfte:

$$dT_r = r\dot\varphi^2\,dm, \qquad dT_\psi = r\ddot\varphi\,dm \qquad (16.1)$$

[von den 4 Beschleunigungsanteilen in (11.1″) fallen zwei wegen $r = \text{const}$ (starrer Körper) weg]. Die Komponenten dieser Kräfte in

D. Drehung des starren Körpers um eine feste Achse

Richtung der (körperfesten) Achsen x, y, z sind

$$dT_x = dT_r \cos \psi + dT_\psi \sin \psi, \quad dT_y = dT_r \sin \psi - dT_\psi \cos \psi$$
$$dT_z = 0. \tag{16.1'}$$

Bezeichnen wir nun mit

$$X, Y, Z, \widehat{X}, \widehat{Y}, \widehat{Z}$$

die Resultierenden der äußeren Kräfte und Drehkräfte ($\widehat{X}, \widehat{Y}, \widehat{Z}$ um die jeweilige Achse rechtsdrehend) mit

$$A_x, A_y, A_z, B_x, B_y$$

die 5 Auflagerkräfte, so lauten die 6 Gleichungen für φ und $A_x \ldots B_y$:

$$\left.\begin{aligned} X + A_x + B_x + \int dT_x &= 0 \quad &\text{(a)} \\ Y + A_y + B_y + \int dT_y &= 0 \quad &\text{(b)} \\ Z + A_z &= 0 \quad &\text{(c)} \\ \widehat{X} - l B_y - \int z\, dT_y &= 0 \quad &\text{(d)} \\ \widehat{Y} + l B_x + \int z\, dT_x &= 0 \quad &\text{(e)} \\ \widehat{Z} - \int y\, dT_x + \int x\, dT_y &= 0 \quad &\text{(f)} \end{aligned}\right\} \tag{1.2}$$

Vermöge (16.1') und (16.1) sind die Trägheitsresultierenden

$$\int dT_x = \dot\varphi^2 \int x\, dm + \ddot\varphi \int y\, dm, \quad \int dT_y = \dot\varphi^2 \int y\, dm - \ddot\varphi \int x\, dm,$$
$$\int z\, dT_x = \dot\varphi^2 \int x z\, dm + \ddot\varphi \int y z\, dm, \quad -\int z\, dT_y = -\dot\varphi^2 \int y z\, dm + \ddot\varphi \int x z\, dm,$$
$$\int y\, dT_x - \int x\, dT_y = \ddot\varphi \int (x^2 + y^2)\, dm = \ddot\varphi \int r^2\, dm,$$

worin die Integrale auszuführen sind über alle Massenteilchen des Körpers (x, y, z die Abstände von den mit dem Körper festverbundenen Bezugachsen).

Die in den Kräftegleichungen (a), (b) auftretenden Integrale sind die Massenmomente *erster* Ordnung

$$\int x\, dm = x_s m, \quad \int y\, dm = y_s m, \tag{16.3}$$

die die Koordinaten des Schwerpunktes bestimmen. Von den in den Momentengleichungen (d) $\cdots$ (f) vorkommenden Massenmomenten *zweiter* Ordnung ist uns das letzte schon bekannt,

$$\int r^2\, dm = \widehat{m}_z, \tag{16.4}$$

die Drehmasse bezüglich der Achse z. Die neu hinzukommenden Massenmomente heißen Deviations- oder Zentrifugalmomente (oder auch Kippmassen),

$$-\int x z\, dm = \widehat{m}_{xz}, \quad -\int y z\, dm = \widehat{m}_{yz}, \tag{16.4'}$$

die wir, wie in II § 7, mit Minuszeichen definieren.

§ 16. Der nicht-scheibenförmige Körper; ein Auswuchtbeispiel 89

Die Gln. (16.2) lauten also

$$\left.\begin{array}{l}\begin{cases} X + A_x + B_x + \dot{\varphi}^2 m\, x_s + \ddot{\varphi}\, m\, y_s = 0 \quad \text{(a)} \\ Y + A_y + B_y + \dot{\varphi}^2 m\, y_s - \ddot{\varphi}\, m\, x_s = 0 \quad \text{(b)} \\ Z + A_z \phantom{+ \dot{\varphi}^2 m\, y_s - \ddot{\varphi}\, m\, x_s} = 0 \quad \text{(c)} \end{cases} \\ \begin{cases} \widehat{X} - l\, B_y + \dot{\varphi}^2\, \widehat{m}_{yz} - \ddot{\varphi}\, \widehat{m}_{xz} = 0 \quad \text{(d)} \\ \widehat{Y} + l\, B_x - \dot{\varphi}^2\, \widehat{m}_{xz} - \ddot{\varphi}\, \widehat{m}_{yz} = 0 \quad \text{(e)} \\ \widehat{Z} \phantom{+ l\, B_x - \dot{\varphi}^2\, \widehat{m}_{xz}} - \ddot{\varphi}\, \widehat{m}_z = 0 \quad \text{(f)} \end{cases}\end{array}\right\} \quad (16.5)$$

Von diesen Gleichungen liefert (c) die i. allg. nicht weiter interessierende Auflagerkraft A_z (z. B. infolge des Gewichtes), (f) bestimmt $\ddot{\varphi}$ für eine gegebene Drehkraft $\widehat{Z}$; diese letzte Gleichung ist identisch mit (12.4). Die Gln. (a, b, d, e) sind die vier Gleichungen für die Auflagerkräfte $A_x \ldots B_y$, und wir wollen sie unter zwei Gesichtspunkten diskutieren.

a) Wir stellen die Frage, ob und unter welchen Bedingungen alle 4 Lagerreaktionen Null werden können. Die Gleichungen zeigen, daß das Fehlen äußerer Kräfte, $X = Y = \widehat{X} = \widehat{Y} = 0$, nicht genügt. Es genügt auch nicht, wenn außerdem die Drehachse durch den Schwerpunkt geht, $x_s = y_s = 0$. Es bleiben dann immer noch die Glieder mit $\widehat{m}_{xz}$, $\widehat{m}_{yz}$ übrig, die die „Unwucht" des Körpers repräsentieren (die Zentrifugal-Momente versuchen eine „Flucht" des Körpers aus der Achse z zu bewirken, die Achse des Körpers zu „kippen"). Erst für $\widehat{m}_{xz} = \widehat{m}_{yz} = 0$ verschwinden die x-y-Lagerkräfte, und die Achse z wird zur „freien Achse" des rotierenden Körpers; oder wie man auch sagt: erst für $\widehat{m}_{xz} = \widehat{m}_{yz} = 0$ ist der Körper *ausgewuchtet*.

Die Fig. 16/2 zeigt ein Beispiel: Das Räderpaar sei zunächst „ausgewuchtet" (d. h. die Drehachse gehe durch den Schwerpunkt, die

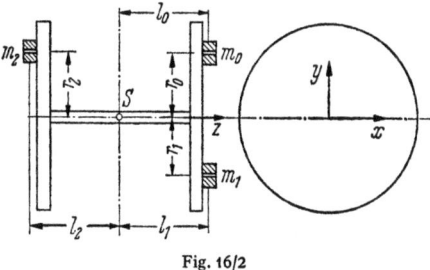

Fig. 16/2

Zentrifugalmomente verschwinden), muß nun aber eine Zusatzmasse m_0 tragen; kann man durch Anbringen von Ausgleichsmassen m_1, m_2 in den (gegebenen) Abständen r_1, r_2, l_1, l_2 den ausgewuchteten Zustand wieder herstellen? Legen wir die y-Achse durch m_0, so ist $x_s = 0$ und

$\widehat{m}_{zz} = 0$. m_1 und m_2 sind also so zu wählen, daß auch y_s und $\widehat{m}_{yz}$ verschwinden:

$$\left.\begin{array}{r}m_0 r_0 - m_1 r_1 + m_2 r_2 = 0, \\ m_0 r_0 l_0 - m_1 r_1 l_1 - m_2 r_2 l_2 = 0,\end{array}\right\} \quad (16.6)$$

Ergebnis der einfachen Rechnung ist

$$\left.\begin{array}{l}m_1 = m_0 \dfrac{r_0}{r_1} \dfrac{l_0 + l_2}{l_1 + l_2}, \\ m_2 = m_0 \dfrac{r_0}{r_2} \dfrac{l_0 - l_1}{l_1 + l_2},\end{array}\right\} \quad (16.6')$$

d. h. der „Massenausgleich" läßt sich in der gewünschten Art ohne Schwierigkeit herstellen.

b) Für den speziellen Körper Fig. 16/3, die masselose Welle AB, mit der ein Schrägstab CD (Gewicht G, Masse m) winkelfest verbunden ist, wollen wir die Auflagerkräfte bestimmen; es sei $\widehat{Z} = 0$, also $\dot\varphi = \text{const}$. Wählen wir die durch die beiden Stäbe aufgespannte Ebene als die (körperfeste) xz-Ebene, so bleibt von dem allgemeinen Gleichungssystem (16.5) nur die erste Kräfte- und die zweite Momentengleichung von Interesse:

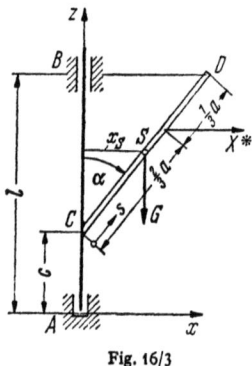

Fig. 16/3

$$\left.\begin{array}{r}A_x + B_x + \dot\varphi^2 m\, x_s = 0, \\ \widehat{Y} + l B_x - \dot\varphi^2 \widehat{m}_{xz} = 0,\end{array}\right\} \quad (16.7)$$

worin das „äußere" Moment $\widehat{Y}$ erzeugt wird durch Gewicht:

$$\widehat{Y} = G \tfrac{a}{2} \sin\alpha; \quad (16.7')$$

$\widehat{Y}$ rotiert mit, d. h., die Gln. (16.7) können auch gedeutet werden als Statikgleichungen $\sum X = 0$, $\sum M = 0$ im rotierenden Koordinatensystem.

Das Glied $\dot\varphi^2 m\, x_s = \dot\varphi^2 m\, (a/2) \sin\alpha$ ist die Resultierende X^* der an den Massenelementen des Stabes CD angreifenden Zentrifugalkräfte. Die Resultierende greift aber nicht im Schwerpunkt des Stabes CD an, sondern, wie die Figur andeutet, weiter oben. Ihre Lage bestimmt

$$-\widehat{m}_{xz} = \int x z\, dm = \int (s \sin\alpha)(c + s \cos\alpha)\, dm$$

[s Längenkoordinate auf CD].

Ist der (dünne) Stab CD homogen, so ist $dm = \varrho\, F\, ds$ mit $\varrho\, F = m/a$, und die Integration liefert

$$-\widehat{m}_{xz} = \frac{m}{a}\left(c \sin\alpha \frac{a^2}{2} + \sin\alpha \cos\alpha \frac{a^3}{3}\right)$$

§ 16. Der nicht-scheibenförmige Körper; ein Auswuchtbeispiel

also

$$-\dot\varphi^2 \widehat m_{xz} = m\,\dot\varphi^2 \frac{a}{2}\sin\alpha\left(c + \frac{2}{3}a\cos\alpha\right). \tag{16.8}$$

Dasselbe ergibt sich, wenn man — ohne von $\widehat m_{zs}$ zu sprechen — nach dem Angriffspunkt der resultierenden Zentrifugalkraft X^* fragt: Nach Fig. 16/4 wächst $p(s)$, die Zentrifugalkraft pro Längeneinheit, linear mit s, ihre Resultierende ist daher

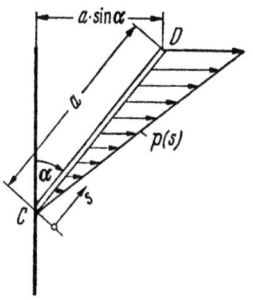

Fig. 16/4

$$X^* = \frac{a}{2}\sin\alpha\, m\,\dot\varphi^2, \tag{16.8'}$$

und diese Resultierende greift an im Abstande

$$\frac{2}{3}a\cos\alpha$$

vom unteren Ende des Stabes CD. Ihr Moment bzgl. A ist daher

$$m\,\dot\varphi^2 \frac{a}{2}\sin\alpha\left(c + \frac{2}{3}a\cos\alpha\right),$$

was mit Gl. (16.8) übereinstimmt.

Aus (16.7) zusammen mit (16.7') und (16.8) bestimmen sich A_x und B_x, die körperfesten, mit φ umlaufenden Lagerkräfte. Für große Umlaufgeschwindigkeiten ($\dot\varphi^2 a \gg g$) kann der Gewichtsanteil wegbleiben und mit (16.8') ergibt sich

$$B_x = -X^*\left(\frac{c}{l} + \frac{2}{3}\frac{a}{l}\cos\alpha\right), \qquad A_x = -X^*\left(1 - \frac{c}{l} - \frac{2}{3}\frac{a}{l}\cos\alpha\right).$$

Abschließend noch eine kurze verallgemeinernde Bemerkung über die Zentrifugalmomente (16.4'). In der *Kreiseltheorie*, die die allgemeine räumliche Drehbewegung eines Körpers studiert, liegt die Drehachse nicht von vornherein fest, und daher treten dort außer den 3 Massenmomenten (16.4) und (16.4') auch noch die Größen

$$\widehat m_x = \int (y^2 + z^2)\,dm, \quad \widehat m_y = \int (x^2 + z^2)\,dm, \quad \widehat m_{xy} = -\int xy\,dm \tag{16.4''}$$

auf. Die 6 Massenmomente bilden einen sog. Tensor

$$\widehat{\mathfrak{M}} = \begin{bmatrix} \widehat m_x & \widehat m_{xy} & \widehat m_{xz} \\ \widehat m_{xy} & \widehat m_y & \widehat m_{yz} \\ \widehat m_{xz} & \widehat m_{yz} & \widehat m_z \end{bmatrix}$$

der, wie die Masse in der Impulsdefinition

$$\mathfrak{J} = m\,\mathfrak{v}$$

92   D. Drehung des starren Körpers um eine feste Achse

den Zusammenhang herstellt zwischen dem (vektoriellen) Drehimpuls $\mathfrak{D}$ und der (vektoriellen) Drehgeschwindigkeit $\mathfrak{o}$:

$$\mathfrak{D} = \widehat{\mathfrak{M}} \cdot \mathfrak{o} \quad \text{(Skalarprodukt).} \qquad (16.9')$$

$\mathfrak{D}$ und $\mathfrak{o}$ haben nur dann dieselbe Richtung, wenn die 3 Zentrifugalmomente verschwinden*; nur um eine der 3 Hauptachsen (für die $\widehat{m}_{ik} = 0$ ist) kann sich der Kreisel „ruhig" drehen.

Aufgaben zu D

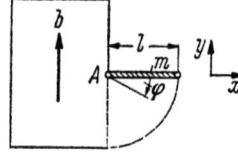

1. Eine homogene Wagentür (Masse m, Breite l) steht senkrecht zur Fahrtrichtung offen (Angeln reibungsfrei). Der Zug fährt mit einer konstanten Beschleunigung b an. Wie groß sind unmittelbar vor dem Zuschlagen
   a) die Winkelgeschwindigkeit $\dot\varphi_1$,
   b) die durch die Bewegung hervorgerufenen horizontalen Reaktionskräfte A_x, A_y in den Angeln?
   Lösung:

   a) $\dot\varphi_1 = \sqrt{3\dfrac{b}{l}}$;

   b) $A_x = 0$, $A_y = \dfrac{5}{2} m b$.

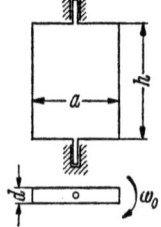

2. Um eine lotrechte Achse dreht sich eine Platte (Abmessungen a, h, $d \ll a, h$; spez. Gewicht γ, Winkelgeschwindigkeit ω_0 zur Zeit $t = 0$). Durch den Luftwiderstand entsteht ein bremsendes Moment; es sei proportional der Fläche und proportional dem Quadrat der Winkelgeschwindigkeit (Faktor k).
   a) Nach welcher Zeit t_h ist die Winkelgeschwindigkeit auf die Hälfte gesunken?
   b) Wieviel Umdrehungen n hat die Platte während dieser Zeit gemacht?
   Lösung:

   a) $t_h = \dfrac{a^2 d \gamma}{12 k \omega_0 g}$;

   b) $n = \dfrac{\ln 2}{24 \pi} \dfrac{a^2 d \gamma}{k g}$.

---

* Siehe II, § 14: Kraft- und Deformationsrichtung fallen zusammen nur für $I_{yz} = 0$.

3. Über eine reibungsfrei drehbare, außen rauhe Rolle (Drehmasse $\widehat{m}$, Radius r, Reibungskoeffizient μ) ist ein masseloses Seil gelegt. Durch zwei Gewichte G_1 und G_2 ($G_2 > G_1$) gerät der Mechanismus in Bewegung, wobei das Seil *rutscht*.
Mit welcher Winkelbeschleunigung $\ddot\varphi$ bewegt sich die Rolle, mit welcher Beschleunigung $\ddot x$ bewegen sich die Gewichte?

Lösung:

$$\ddot\varphi = \frac{r}{\widehat m}\, \frac{2G_1 G_2}{G_2 + G_1 e^{\mu\pi}}\,(e^{\mu\pi} - 1),$$

$$\ddot x = g\, \frac{G_2 - G_1 e^{\mu\pi}}{G_2 + G_1 e^{\mu\pi}}.$$

4. Ein Rad (Radius r, Drehmasse $\widehat m$) dreht sich mit der Winkelgeschwindigkeit φ_0. Zur Zeit $t = 0$ wird am Ende B des Hebels einer Bandbremse eine Kraft P aufgebracht. Das rauhe Bremsband (Reibungszahl μ) umschlingt das Rad auf $\frac{2}{3}$ seines Umfangs.

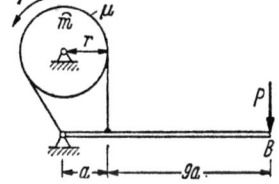

a) Welche Zeit t_{st} vergeht bis das Rad zum Stillstand kommt?

b) Wie groß ist die Zahl n der Umdrehungen bis zum Stillstand?

Lösung:

a) $t_{st} = \dfrac{\widehat m\, \dot\varphi_0}{10\,P\,r\left(1 - e^{-\frac{4}{3}\pi\mu}\right)}$;

b) $n = \dfrac{\varphi_{st}}{2\pi} = \dfrac{\widehat m\, \dot\varphi_0^2}{40\pi\,P\,r\left(1 - e^{-\frac{4}{3}\pi\mu}\right)}$.

5. a) Wie groß ist die Eigenfrequenz ω einer rechteckigen Platte ($a\,b$; Dicke $t = $ const; Masse m) im Schwerefeld bei der gezeichneten Lagerung (kleine Anschläge)?

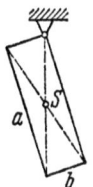

b) In welchem Abstand s_1 von S muß der Aufhängepunkt gewählt werden, wenn die Platte mit der kürzestmöglichen Schwingungsdauer $T_{\min}$ [$T = 2\pi/\omega$] schwingen soll? Wie groß ist $T_{\min}$?

c) Wie groß sind die reduzierten Pendellängen l_a und l_b in den beiden Lagerungsfällen a) und b)?

Lösung:

a) $\omega = \sqrt{\dfrac{3g}{2\sqrt{a^2+b^2}}}$;

b) $s_1 = i = \dfrac{1}{2}\sqrt{\dfrac{a^2+b^2}{3}}$, $T_{\min} = 2\pi\sqrt{\dfrac{2i}{g}}$;

c) $l_a = \dfrac{2}{3}\sqrt{a^2+b^2}$, $l_b = \sqrt{\dfrac{a^2+b^2}{3}}$.

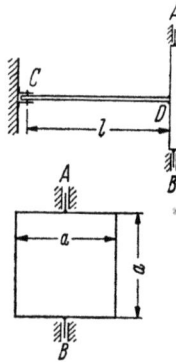

6. Eine starre quadratische Platte (Seite a, Dicke $t \ll a$, Masse m) kann sich um die Achse AB drehen. Sie ist durch den elastischen Stab CD (Biegesteifigkeit EI, Länge l, Masse vernachlässigbar klein) federnd gehalten. Der Stab ist bei C gelenkig gelagert.
Wie groß ist die Eigenfrequenz ω der Drehschwingungen der Platte?

Lösung:

$$\omega = \dfrac{6}{a}\sqrt{\dfrac{EI}{ml}}.$$

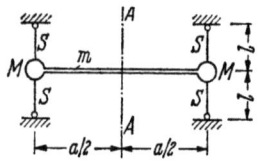

7. Eine Hantel (Massen M, m, M) hänge in vier mit der Kraft S vorgespannten Seilen (S sei groß gegen das Hantelgewicht).
Man bestimme für kleine Ausschläge
a) die Eigenfrequenzen ω_{IT}, ω_{IIT} der beiden horizontalen Translationsschwingungen,
b) die Eigenfrequenz ω_R der Rotationsschwingung um die Achse A-A.

Lösung:

a) $\omega_{IT} = \sqrt{\dfrac{4S}{l(2M+m)}}$, $\omega_{IIT} = \omega_{IT}$;

b) $\omega_R = \sqrt{\dfrac{12S}{l(6M+m)}}$.

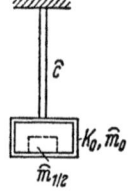

8. Die Drehmasse $\widehat{m}_2$ eines Körpers K_2 soll experimentell bestimmt werden. Hierzu stehen zur Verfügung:
1) Ein Torsionsschwinger, der aus einer Welle und einem Käfig K_0 besteht (Drehmasse $\widehat{m}_0$ und Federsteifigkeit $\hat{c}$ sind unbekannt).
2) Ein Körper K_1 von bekannter Drehmasse $\widehat{m}_1$. Man ermittle $\widehat{m}_2$ aus der Messung dreier Schwingungsdauern T_0, T_1, T_2.

Lösung:
$$\widehat{m}_2 = \widehat{m}_1 \frac{T_2^2 - T_0^2}{T_1^2 - T_0^2}.$$

9. Eine Rolle (Drehmasse $\widehat{m}$, Radius r) rotiert zur Zeit $t = 0$ mit der Winkelgeschwindigkeit ω_0 um die Achse A. Um die Rolle ist ein Faden gewickelt, an dessen Ende ein Körper (Masse m) hängt.
a) Mit welcher Beschleunigung b wird der Körper gehoben?
b) Welche Höhe h erreicht der Körper?
c) Nach welcher Zeit t_{st} hat der Körper die Höhe h erreicht?

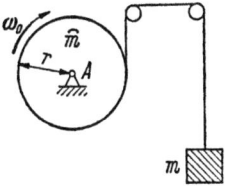

Lösung:

a) $b = -g \dfrac{m}{m + \dfrac{\widehat{m}}{r^2}};$

b) $h = \dfrac{\widehat{m} + m\,r^2}{2\,m\,g}\,\omega_0^2;$

c) $t_{st} = \dfrac{\widehat{m} + m\,r^2}{r\,m\,g}\,\omega_0.$

10. Eine Welle (Länge l, Durchmesser d, Gleitmodul G, Drehmasse vernachlässigbar) trägt am linken Ende ein Schwungrad (Drehmasse $\widehat{m}_1$) am rechten Ende eine Kupplung (Drehmasse $\widehat{m}_K$). Die Welle dreht sich mit einer Winkelgeschwindigkeit $\dot\varphi_0$. Ein zweites Schwungrad (Drehmasse $\widehat{m}_2$), das anfänglich in Ruhe war, wird plötzlich in die Kupplung eingerückt.

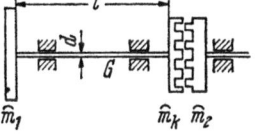

a) Wie groß ist die Winkelgeschwindigkeit $\dot\varphi_2$ der Drehmasse $\widehat{m}_2$ unmittelbar nach dem Kuppeln unter der Annahme, daß die Torsionsfeder sehr weich ist?
b) Mit welcher mittleren Winkelgeschwindigkeit $\dot\varphi_m$ dreht sich das System nach dem Einkuppeln weiter?
c) Wie groß ist die Schwingungsdauer T der Torsionsschwingung, die sich der gleichförmigen Drehung überlagert?

Lösung:

a) $\dot\varphi_2 = \dfrac{\widehat{m}_k}{\widehat{m}_k + \widehat{m}_2}\,\dot\varphi_0;$

b) $\dot\varphi_m = \dfrac{\widehat{m}_1 + \widehat{m}_k}{\widehat{m}_1 + \widehat{m}_2 + \widehat{m}_k}\,\dot\varphi_0;$

c) $T = \dfrac{8}{d^2}\sqrt{\dfrac{2\,l\,\pi}{G}\,\dfrac{\widehat{m}_1(\widehat{m}_2 + \widehat{m}_k)}{\widehat{m}_1 + \widehat{m}_2 + \widehat{m}_k}}.$

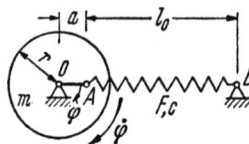

11. Eine Kreisscheibe (Masse m, Radius r) kann sich um die auf der Zeichenebene senkrechte Achse durch O reibungsfrei drehen. Ihre Bewegung wird jedoch durch eine bei A gelenkig befestigte Feder F (Federsteifigkeit c) beeinflußt. In der (gezeichneten) Ausgangslage $\varphi = 0$ sei die Feder entspannt.

a) Wie groß ist die Winkelgeschwindigkeit $\dot\varphi(\pi)$ beim Durchgang durch die Lage $\varphi = \pi$, wenn sie bei $\varphi = 0$ die Größe $\dot\varphi_0$ hat?

b) Wie groß muß $\dot\varphi_0$ mindestens sein, damit die Scheibe nicht pendelt, sondern umläuft?

c) Wie groß ist die Winkelbeschleunigung $\ddot\varphi(\pi/2)$ für $\varphi = \pi/2$?

Lösung:

a) $\dot\varphi(\pi) = \sqrt{\dot\varphi_0^2 - 8\left(\dfrac{a}{r}\right)^2 \dfrac{c}{m}};$

b) $\dot\varphi_0 \geqq 2\sqrt{2}\,\dfrac{a}{r}\sqrt{\dfrac{c}{m}};$

c) $\ddot\varphi\left(\dfrac{\pi}{2}\right) =$

$= -\dfrac{2c}{m\,r^2}\,a(a + l_0)\left(1 - \dfrac{l_0}{\sqrt{a^2 + (a + l_0)^2}}\right).$

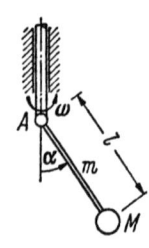

12. Ein Pendel (Stangenlänge l, Stangenmasse m, Endmasse M) ist im Punkt A drehbar an einer vertikalen Achse befestigt, die mit der Winkelgeschwindigkeit ω rotiert.

Wie groß muß ω mindestens sein, damit sich ein Pendelausschlag $\alpha > 0$ einstellt?

Lösung:

$$\omega \geqq \sqrt{\dfrac{M + \dfrac{m}{2}}{M + \dfrac{m}{3}}\,\dfrac{g}{l}}.$$

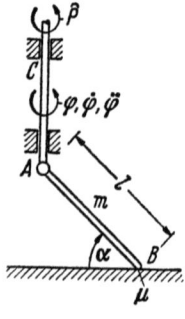

13. Eine homogene dünne Stange $AB\,(m,\,l)$ ist in A durch ein reibungsfreies Scharniergelenk mit der vertikalen Welle AC verbunden. Auf die Welle wirkt eine konstante Antriebsdrehkraft $\widehat{P}$. Das Stangenende B schleift auf dem rauhen Boden (Reibungskoeffizient μ). Das Ganze wird aus der Ruhe in Bewegung gesetzt.

a) Wie groß ist — in Abhängigkeit von φ — die Normalkraft N zwischen Stange und Boden?

b) Bei welcher Winkelgeschwindigkeit $\dot\varphi_1$ hebt das Stangenende B vom Boden ab?

c) Wie lautet die Differentialgleichung für die Drehung des Systems um die Achse AC, bevor die Stange abhebt?

d) Durch Integration dieser Differentialgleichung bestimme man die Winkelgeschwindigkeit $\dot\varphi(\varphi)$.

Lösung:

a) $\quad N = m\left(\dfrac{g}{2} - \dfrac{l}{3}\dot\varphi^2 \sin\alpha\right);$

b) $\quad \dot\varphi_1 = \sqrt{\dfrac{3g}{2l\sin\alpha}};$

c) $\ddot\varphi - c_1 \dot\varphi^2 = c_2$

mit $\quad c_1 = \mu\tan\alpha, \quad c_2 = \dfrac{6\widehat{P} - 3mgl\mu\cos\alpha}{2ml^2\cos^2\alpha};$

d) $\dot\varphi(\varphi) = \sqrt{\dfrac{c_2}{c_1}(e^{2c_1\varphi} - 1)}.$

14. Eine Stange (Masse m, Länge l) ist unter dem Winkel α starr mit einer gelenkig gelagerten Welle verbunden, die sich mit der konstanten Winkelgeschwindigkeit $\dot\varphi$ dreht.

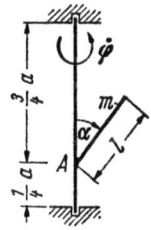

Wie groß sind die Schnittkräfte im Punkt A der Welle bei Vernachlässigung des Eigengewichts?

Lösung:

$$Q = -\frac{1}{24}m\dot\varphi^2 l\sin\alpha\left(8\frac{l}{a}\cos\alpha \begin{array}{c}+3\\-9\end{array}\right),$$

$$M = +\frac{1}{96}am\dot\varphi^2 l\sin\alpha\left(9\begin{array}{c}+24\\-8\end{array}\frac{l}{a}\cos\alpha\right).$$

15. Ein starres masseloses Winkelkreuz, an dessen Enden zwei gleiche Kugeln (Masse m) sitzen, dreht sich mit der konstanten Winkelgeschwindigkeit $\dot\varphi$ um die z-Achse.

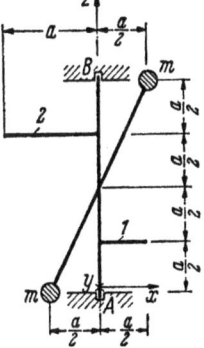

a) Wie groß sind die Lagerkräfte in A und B?

b) Wie groß sind die Zusatzmassen m_1 und m_2, die an den masselosen Armen ① und ② angebracht werden müssen, damit die Lagerkräfte verschwinden?

Lösung:

a) $A_x = \dfrac{a}{2}m\dot\varphi^2, \quad B_x = -\dfrac{a}{2}m\dot\varphi^2;$

b) $m_1 = 2m, \quad m_2 = m.$

E. Ebene Bewegung des starren Körpers

§ 17. Kinematik der Körperbewegung in der Ebene

a) Grundgleichungen. Die ebene Bewegung eines Körpers ist bestimmt, wenn man die Bewegung eines Körperpunktes A kennt, und die Drehung des Körpers um diesen Punkt. Aus Fig. 17/1a folgt für die Bewegung eines Körperpunktes P

$$\left. \begin{array}{l} x_P = x_A + r \cos\varphi, \\ y_P = y_A + r \sin\varphi, \end{array} \right\} \mathfrak{r}_P = \mathfrak{r}_A + r\, \mathfrak{e}_r. \qquad (17.1)$$

Wegen $r = \text{const}$ wird die Geschwindigkeit

$$\left. \begin{array}{l} \dot{x}_P = \dot{x}_A - r\, \dot\varphi \sin\varphi, \\ \dot{y}_P = \dot{y}_A + r\, \dot\varphi \cos\varphi, \end{array} \right\} \mathfrak{v}_P = \mathfrak{v}_A + r\, \dot\varphi\, \mathfrak{e}_\varphi, \qquad (17.1')$$

die Beschleunigung

$$\left. \begin{array}{l} \ddot{x}_P = \ddot{x}_A - r\, \dot\varphi^2 \cos\varphi - r\, \ddot\varphi \sin\varphi, \\ \ddot{y}_P = \ddot{y}_A - r\, \dot\varphi^2 \sin\varphi + r\, \ddot\varphi \cos\varphi, \end{array} \right\} \mathfrak{b}_P = \mathfrak{b}_A - r\, \dot\varphi^2\, \mathfrak{e}_r + r\, \ddot\varphi\, \mathfrak{e}_\varphi. \qquad (17.1'')$$

Deutlicher als aus den Koordinatengleichungen geht aus den Vektorgleichungen hervor, daß zur (Führungs-) Geschwindigkeit $\mathfrak{v}_A$ eine

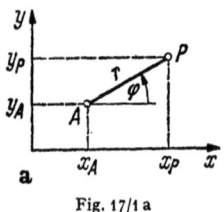
Fig. 17/1a

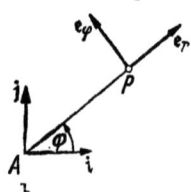
Fig. 17/1b

reine zirkulare (Relativ-) Geschwindigkeit, zur (Führungs-) Beschleunigung $\mathfrak{b}_A$ aber eine zirkulare und eine radiale (Relativ-) Beschleunigung tritt. Mit Hilfe der Formeln (7.6) d. h. mit

$$\dot{\mathfrak{e}}_r = \frac{d\mathfrak{e}_r}{d\varphi}\, \dot\varphi = \mathfrak{e}_\varphi\, \dot\varphi \quad \text{und} \quad \dot{\mathfrak{e}}_\varphi = \frac{d\mathfrak{e}_\varphi}{d\varphi}\, \dot\varphi = -\mathfrak{e}_r\, \dot\varphi \quad \text{(s. Fig. 17/1b)}$$

ergeben sich die Vektoraussagen (17.1') und (17.1'') aus (17.1) ohne den Umweg über die Koordinatengleichungen.

Wir betrachten zwei Beispiele:

1. Der gleitende Stab. Es soll (Fig. 17/2a) Geschwindigkeit und Beschleunigung des Punktes B bestimmt werden, wenn $\mathfrak{v}_A$ und $\mathfrak{b}_A$ gegeben sind. Benutzen wir die Vektorgleichung (17.1') so ergibt sich aus Fig. 17/2b: $\mathfrak{v}_A$ ist dem Betrag und der Richtung nach, die beiden anderen Vektoren, $r\, \dot\varphi\, \mathfrak{e}_\varphi$ und $\mathfrak{v}_B$, sind der Richtung nach bekannt.

§ 17. Kinematik der Körperbewegung in der Ebene

Aus der Figur liest man ab:
$$v_B = v_A \tan \psi. \tag{17.2}$$

Rechnerisch erhält man aus (17.1')

$$\left. \begin{array}{l} \dot{x}_B = 0 = v_A - l\,\dot\varphi \sin\varphi, \\ \dot{y}_B = -v_B = +l\,\dot\varphi \cos\varphi, \end{array} \right\} \tag{17.2'}$$

mit $\cot\varphi = -\tan\psi$ also dasselbe Ergebnis.

Obwohl die Beschleunigungsgleichung (17.1") *vier* Vektoren miteinander verbindet, kann $\mathfrak{b}_B$ aus ihr (z. B. graphisch) bestimmt werden; denn

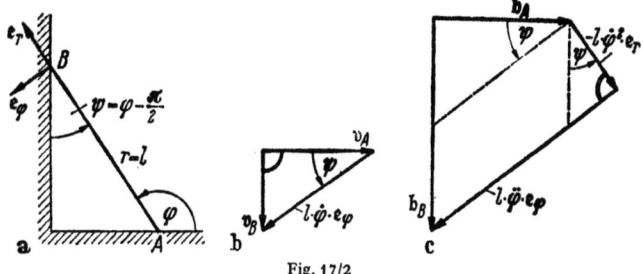

Fig. 17/2

es ist nicht nur $\mathfrak{b}_A$, sondern auch $\dot\varphi$, und damit $(-r\,\dot\varphi^2 \mathfrak{e}_r)$ nach Richtung *und* Größe bekannt. Aus Fig. 17/2c liest man ab

$$b_B = b_A \tan\psi + l\,\dot\varphi^2/\cos\psi, \tag{17.3}$$

wofür man wegen $l\,\dot\varphi = v_A/\cos\psi$ schreiben kann

$$b_B = b_A \tan\psi + \frac{v_A^2}{l} \frac{1}{\cos^3\psi}. \tag{17.3'}$$

[Der Leser bestimme das Ergebnis rechnerisch aus den Koordinatengleichungen.]

2. Schubkurbel. Wir geben ohne Text die graphische Lösung in Fig. 17/3.

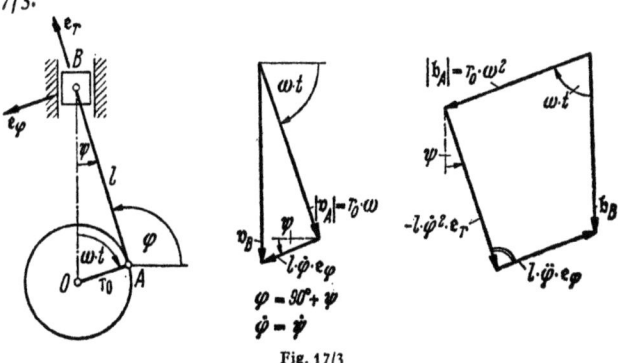

Fig. 17/3

b) Momentanzentrum. Sowohl für das Rechnen als vor allem für die Vorstellung ist es vorteilhaft, die Bewegungsvorgänge mit Hilfe des Momentanzentrums (des Geschwindigkeitspols) zu beschreiben. Fig. 17/4 zeigt, was damit gemeint ist: den „Transport" der Strecke AB nach A_1B_1 können wir uns in mannigfacher Weise vorgenommen denken: indem wir AB parallel zu sich selbst nach A_1B' bringen und dann um $\Delta \varphi$ drehen, oder indem wir $A'B_1$ als Zwischenstation benutzen, und wieder um $\Delta \varphi$ drehen, oder auch, indem wir die Bewegung als eine reine (verschiebungslose) Drehung um $\bar{C}$ deuten, wobei wieder derselbe Winkel $\Delta \varphi$ auftritt. Der Punkt $\bar{C}$ ist der Schnittpunkt der Mittelsenkrechten auf AA_1, BB_1, daher sind die beiden Dreiecke $\bar{C}AB$ und $\bar{C}A_1B_1$ kongruent: Die Bewegung der Strecke AB kann man sich also entstanden denken durch reine Drehung eines (möglicherweise nur gedachten) starren Körpers um $\bar{C}$. Bei einer unendlich kleinen Drehung, $\Delta \varphi \to 0$, rückt $\bar{C}$ in eine Grenzlage C: den Schnittpunkt der Orthogonalen auf den beiden Geschwindigkeiten $\mathfrak{v}_A$ und $\mathfrak{v}_B$. In jedem Augenblick der Bewegung gibt es einen solchen (im Endlichen oder im unendlich Fernen gelegenen) Punkt C, der sich gerade nicht bewegt, das *Momentanzentrum*.

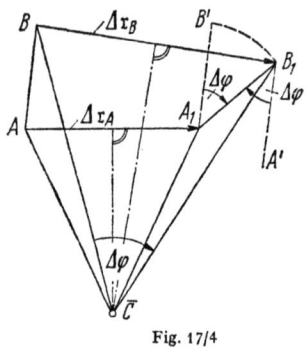

Fig. 17/4

Wie brauchbar der neue Begriff ist, zeigen unsere beiden Beispiele:

1. *Der gleitende Stab*. Momentanzentrum ist der Schnittpunkt der Senkrechten auf $\mathfrak{v}_A$ und $\mathfrak{v}_B$. Da dieser Schnittpunkt von O den festen Abstand l hat, bewegt sich C also auf einem Viertelkreis um O. Da $l\cos\psi$, $l\sin\psi$ die Abstände sind zwischen C und A, B, so ist (mit $\dot\varphi = \dot\psi$):

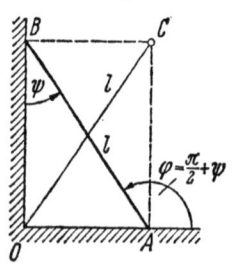

Fig. 17/5

$$\vec{v}_A = (l \cos \psi)\,\dot\psi, \qquad v_B{\downarrow} = (l \sin \psi)\,\dot\psi, \qquad (17.4^*)$$

woraus wieder folgt

$$v_B{\downarrow} = \vec{v}_A \tan \psi. \qquad (17.4)$$

Aber das Ergebnis (17.4), oben rein formal gewonnen, ist durch die Vorstellung einer Drehung um C unmittelbar anschaulich geworden.

2. *Schubkurbel*. In derselben Weise veranschaulichen wir uns die Bewegung der Punkte im Schubkurbelgetriebe. Das Momentanzen-

§ 17. Kinematik der Körperbewegung in der Ebene

trum C der Schubstange liegt auf der Verlängerung des Radius ($\perp$ zu $\mathfrak{v}_A$) und auf der Horizontalen durch B ($\perp$ zu $\mathfrak{v}_B$); man liest ab

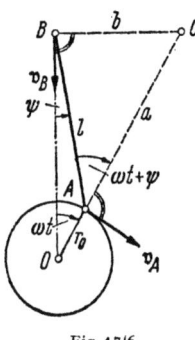

Fig. 17/6

$$a\,\dot\psi = r_0\,\omega, \quad b\,\dot\psi = v_B, \quad (17.5^*)$$

d. h.

$$v_B = \frac{b}{a} r_0\,\omega = \frac{\sin(\omega\,t + \psi)}{\cos\psi} r_0\,\omega. \quad (17.5)$$

Zwischen $\omega\,t$ und ψ besteht [$\triangle O A B$] die Beziehung $\sin\psi = (r_0/l)\sin\omega\,t$. Für kleine r_0/l, d. h. kleine Winkel ψ kann man ψ bequem eliminieren und erhält

$$v_B = r_0\,\omega\left[\sin\omega\,t + \cos\omega\,t\,\frac{\sin\psi}{\cos\psi}\right] \approx$$

$$\approx r_0\,\omega\left[\sin\omega\,t + \frac{1}{2}\frac{r_0}{l}\sin 2\omega\,t\right]. \quad (17.6)$$

B bewegt sich also (für $\cos\psi \approx 1$) im wesentlichen nach einem Sinusgesetz — verunreinigt [$\sim r_0/l$] durch einen Sinus der doppelten Frequenz. [Das nächste Glied ist, wie man leicht zeigen kann, $\sim (r_0/l)^3$.]

Es ist hier der Ort auf einen Wesensunterschied zwischen dem Geschwindigkeitsvektor $\mathfrak{v}$ für den in sich parallel bewegten Körper (den Massen-„Punkt") und für den zugleich rotierenden Körper hinzuweisen. Der erste Vektor ist punktunabhängig (denn *jeder* Punkt des Körpers repräsentiert die Bewegung des Ganzen), der zweite ist an den Punkt gebunden. Das erinnert an den Unterschied zwischen dem Moment eines Kräftepaares, der Drehkraft, die keinen Bezugspunkt hat, und dem Moment einer Kraft in bezug auf einen Punkt. In der Tat besteht zwischen Kinematik und Statik eine Dualität, die wir am besten in drei Dimensionen formulieren, weil dort erst der Vektorcharakter von Drehung und Moment deutlich wird. Es gilt:

In der Kinematik:

1. Die Geschwindigkeit eines auf einem rotierenden Körper befindlichen Punktes $\mathfrak{v} = \mathfrak{o} \times \mathfrak{r}$ ist ein (an diesen Punkt) gebundener Vektor; sie ist z. B. Null für das Momentanzentrum.

2. Die Drehgeschwindigkeit $\mathfrak{o}$ ist ein nur an die Achse gebundener (ein „linienflüchtiger") Vektor.

3. Die Geschwindigkeit $\mathfrak{v}$ eines parallel mit sich selbst bewegten Körpers ist ein freier Vektor (er hat nur Betrag und Richtung, keine „Lage").

In der Statik:

1'. Das Moment einer Kraft bezüglich eines Punktes, $\mathfrak{M} = \mathfrak{r} \times \mathfrak{K}$ ist ein (an diesen Punkt) „gebundener Vektor"; das Moment einer ebenen Kräftegruppe ist Null für die auf der Resultierenden liegenden Punkte.

2'. Die Kraft — in der Statik des starren Körpers — ist ein nur an die (Wirkungs-) Linie gebundener Vektor.

3'. Die Drehkraft $\widehat{\mathfrak{K}}$ (die keinen Bezugspunkt hat) ist ein freier Vektor.

§ 18. Kräfte- und Momentensatz; zwei Rollbeispiele

In dem Augenblick, da wir von der Kinematik zur Kinetik übergehen, wird die Wahl des „Drehpunktes" A in Fig. 18/1 zwangsläufig; als Punkt A wählt man den *Schwerpunkt*. Warum? Das NEWTONsche Gesetz für den Massenpunkt P (Masse dm) lautet

$$\sum (dX_a + dX_i) = (dm\,\ddot{x}_P)^{\cdot},$$

$$\sum (dY_a + dY_i) = (dm\,\ddot{y}_P)^{\cdot},$$

wobei wir unterscheiden zwischen den äußeren Kräften $dX_a..$ (z. B. dem Gewicht) und inneren Kräften $dX_i..$, den von den Nachbarelementen ausgeübten Wechselwirkungskräften. Integrieren wir nun über dm, so heben sich (wie wir in § 22 für den „Punkthaufen" explizit zeigen) die inneren Kräfte heraus, d. h. die beiden Kräftesätze lauten

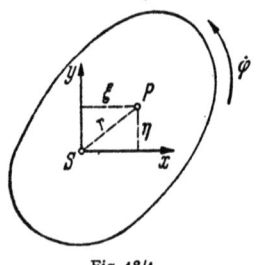

Fig. 18/1

$$\sum X = \int (\ddot{x}_P\,dm)^{\cdot}, \quad \sum Y = \int (\ddot{y}_P\,dm)^{\cdot},$$

mit $\sum X = \sum X_a, \quad \sum Y = \sum Y_a.$ \quad (18.1a)

Als Momentensatz ergibt sich (Fig. 18/1)

$$\sum M^{(s)} = \int [(\xi\,\ddot{y}_P - \eta\,\ddot{x}_P)\,dm]^{\cdot}, \qquad (18.1\,\text{b})$$

wobei die (Dreh-) Kräftesumme nur die äußeren Kräfte enthält*. Wählt man nun S als Bezugspunkt, so wird die Auswertung der Impulsintegrale überaus einfach. Nennen wir die Geschwindigkeitskomponenten des Schwerpunktes

$$\dot{x},\,\dot{y}$$

(ohne Index), so ist nach (17.1')

$$\dot{x}_P = \dot{x} - \dot{\varphi}\,\eta, \quad \dot{y}_P = \dot{y} + \dot{\varphi}\,\xi$$

mit körperfesten Abständen η und ξ, und aus (18.1a) wird

$$\sum X = \left(\dot{x}\int dm\right)^{\cdot} - \left(\dot{\varphi}\int \eta\,dm\right)^{\cdot}, \quad \sum Y = \left(\dot{y}\int dm\right)^{\cdot} + \left(\dot{\varphi}\int \xi\,dm\right)^{\cdot}.$$

---

* Siehe aber die Anmerkung zu Gl. (22.3).

§ 18. Kräfte- und Momentensatz; zwei Rollbeispiele

Für den Schwerpunkt, und *nur* wenn wir ihn als Bezugspunkt wählen, verschwinden die hinteren Integrale; es ergibt sich,

$$\sum X = (\dot{x} m)^{\cdot}, \quad \sum Y = (\dot{y} m)^{\cdot}, \quad (18.2\mathrm{a})$$

d. h. das NEWTONsche Gesetz nimmt die Massenpunktform (8.1′) an. Auch das Momentenintegral vereinfacht sich entscheidend;

aus $\int [\xi(\ddot{y} + \xi \ddot{\varphi}) - \eta(\ddot{x} - \eta \ddot{\varphi})] dm$

wird $\ddot{\varphi} \int (\xi^2 + \eta^2) dm \equiv \ddot{\varphi} \int r^2 dm,$

d. h. $\ddot{x}$ und $\ddot{y}$ fallen heraus, und als Faktor von $\ddot{\varphi}$ erhalten wir das Massenträgheitsmoment, oder wie wir kürzer sagen wollen, die Drehmasse

$$\widehat{m} = \int r^2 dm \quad (18.2')$$

(kein Index, weil wir auf S beziehen); aus (18.1b) wird also

$$\sum M^{(s)} = (\dot{\varphi} \widehat{m})^{\cdot}. \quad (18.2\mathrm{b})$$

Wegen der Bedeutung des Schwerpunktes für die einfache Form der beiden Sätze hat man [in Anlehnung an die klassische Physik, in der (18.2a) unter dem Namen Schwerpunktsatz läuft] für (18.2) die Bezeichnung „erster und zweiter Schwerpunktsatz" vorgeschlagen. Wir ziehen es vor, den Namen von der linken Seite zu nehmen, und — wie in der Statik — von den beiden Kräftesätzen und dem Momentensatz zu sprechen.

Die Gl. (18.2b) ist genau so gebaut, wie Gl. (12.6); aber während (12.6) daran gebunden ist, daß O ein im Raum fester Punkt ist, gilt (18.2b) auch wenn der Punkt S sich beliebig bewegt. Die Schwerpunktsbewegung selbst ergibt sich aus (18.2a), wobei ausdrücklich angemerkt werden soll, daß die Resultierende der Kräfte X, Y *nicht* durch S zu gehen braucht: $\ddot{x}$, $\ddot{y}$, werden *nur* von *Betrag* und *Richtung* der Resultierenden bestimmt. Von der *Lage* hängt $\sum M^{(s)}$ ab: eine „exzentrische" Resultierende bewirkt zusätzlich die durch (18.2b) festgelegte Drehung.

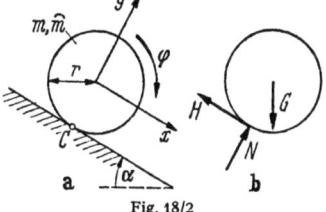

Fig. 18/2

1. Beispiel: Wir betrachten den Zylinder Fig. 18/2, der die schiefe Ebene hina*brollt*. Der Zylinder hat nur einen Freiheitsgrad der Bewegung: Da er die Ebene nicht verläßt, gibt es keine y-Bewegung, und die Drehung ist durch die Bedingung des Rollens an die x-Bewegung

E. Ebene Bewegung des starren Körpers

gebunden. An Aussagen haben wir

a) drei dynamische Gleichungen

$$\begin{aligned} m\,\ddot{x} &= G\sin\alpha - H, &\text{(a)} \\ m\,\ddot{y} &= N - G\cos\alpha, &\text{(b)} \\ \widetilde{m}\,\ddot{\varphi} &= r\,H, &\text{(c)} \end{aligned}\} \quad (18.3)$$

b) zwei geometrische Bedingungen

$$\begin{aligned} \dot{y} &= 0, &\text{(d)} \\ \dot{x} &= r\,\dot{\varphi}, &\text{(e)} \end{aligned}$$

wobei die Rollbedingung (18.3e) aussagt, daß sich der Körper um den Punkt C dreht, der als der Berührpunkt des Zylinders mit der Ebene die Geschwindigkeit Null hat (Momentanzentrum). Elimination der „geometrischen Reaktionskräfte" H und N („geometrisch" im Gegensatz zu kinetischen Reaktionskräften wie der Reibung) und des Winkels φ liefert

$$(m + m^*)\,\ddot{x} = G\sin\alpha, \qquad (18.3')$$

worin die „reduzierte Masse"

$$m^* = \widetilde{m}/r^2$$

den Einfluß der Drehmasse repräsentiert. Im Sonderfall des *Vollzylinders* ist $\widetilde{m} = m\,r^2/2$, und daher

$$m\,\ddot{x} = \tfrac{2}{3}G\sin\alpha.$$

Mit $\widetilde{m} = \tfrac{2}{5}m\,r^2$ wird für die *Kugel*

$$m\,\ddot{x} = \tfrac{5}{7}G\sin\alpha.$$

Für die Drehbeschleunigung ergibt sich

$$(\widetilde{m} + m\,r^2)\,\ddot{\varphi} = \widetilde{m}_c\,\ddot{\varphi} = G\,r\sin\alpha. \qquad (18.3'')$$

Das Ergebnis (18.3'') hat die Form des Momentensatzes für den „ruhenden" Punkt C. Man könnte versucht sein, den Momentensatz von vornherein für C anzusetzen; das ist aber *nicht immer* erlaubt, denn der Pol ruht zwar im Augenblick, ist aber nicht beschleunigungsfrei wie die Drehachse in § 12, und der Satz (12.6) ist nur für einen ständig ruhenden Punkt des Körpers bewiesen. Wir kommen in § 20 auf die Frage zurück.

Mit dem Ergebnis (18.3') ist die Aufgabe keineswegs vollständig gelöst. Wir müssen noch kontrollieren, ob die Haftungskraft H ausreicht, die Rollbedingung (18.3e) zu erzwingen, d. h., ob die COULOMBsche Haftungsbedingung

$$|H| \leqq \mu_0\,N \qquad (18.4)$$

§ 18. Kräfte- und Momentensatz; zwei Rollbeispiele 105

erfüllt ist. Aus (18.3a) und (18.3') folgt

$$H = \frac{m^*}{m + m^*} G \sin \alpha,$$

aus (18.3b, d):

$$N = G \cos \alpha.$$

Die Haftbedingung (18.4) fordert also für den Zusammenhang zwischen α und μ_0:

$$\frac{m^*}{m + m^*} \sin \alpha < \mu_0 \cos \alpha,$$

oder mit $m^* = m/2$ (Vollzylinder) und $\mu_0 \equiv \tan \varrho_0$.

$$\tfrac{1}{3} \tan \alpha \leqq \tan \varrho_0. \qquad (18.4')$$

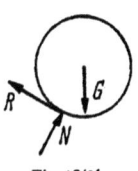

Fig. 18/2'

Ist (18.4') nicht erfüllt, so rutscht der Zylinder, und wir müssen die Aufgabe ganz neu formulieren. Anstelle der Haftungskraft H tritt die Reibungskraft R, die aber nicht eine *geometrische* sondern eine *kinetische* Reaktionskraft ist, nach Größe und Richtung durch ein *physikalisches* Gesetz festgelegt*.

Die dynamischen Gleichungen lauten (Fig. 18/2')

$$\begin{aligned} m\,\ddot{x} &= G \sin \alpha - R, & \text{(a)} \\ m\,\ddot{y} &= N - G \cos \alpha, & \text{(b)} \\ \widehat{m}\,\ddot{\varphi} &= rR, & \text{(c)} \end{aligned}$$

Dazu tritt die geometrische Bedingung

$$\dot{y} = 0, \qquad \text{(d)}$$

und — anstelle der Rollbedingung — die physikalische Aussage

$$R = \mu N, \qquad \text{(e)}$$

(18.5)

das COULOMBsche Reibungsgesetz. [Die Richtung von R ergibt sich aus der Relativbewegung zwischen den beiden Körpern: Sie wirkt auf den Zylinder schräg nach oben, weil der Zylinderpunkt C schräg abwärts gleitet — in (18.5a) schon berücksichtigt.]

Elimination von R, N und y liefert:

$$m\,\ddot{x} = G(\sin \alpha - \mu \cos \alpha), \quad \widehat{m}\,\ddot{\varphi} = \mu G r \cos \alpha \qquad (18.5')$$

(der Körper hat jetzt die zwei Freiheitsgrade x und φ). Die Klammer in (18.5') kann nicht negativ werden, denn die Bedingung

$$\tan \alpha > \tan \varrho$$

ist sicher erfüllt, da nach (18.4') Rutschen eintritt für $\tan \alpha > 3 \tan \varrho_0$ ($\varrho_0 \geqq \varrho$).

---
* In der Physik wird R, wie G, „eingeprägte Kraft" genannt.

2. Beispiel: *Rollschwingung*. Der kleine Zylinder Fig. 18/3 soll im großen Zylinder hin und her rollen, d. h. schwingen. In der Nebenfigur sind die am kleinen Zylinder angreifenden Kräfte gezeichnet mit willkürlich gewähltem Vorzeichen von H; man erhält die drei dynamischen Gleichungen

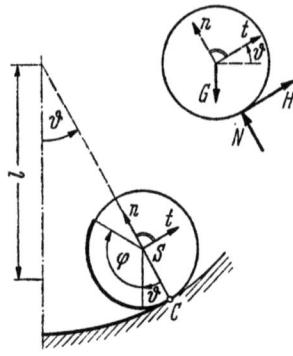

Fig. 18/3

$$m\,b_t = H - G \sin \vartheta, \quad \text{(a)}$$
$$m\,b_n = N - G \cos \vartheta, \quad \text{(b)} \quad (18.6)$$
$$\widetilde{m}\,\ddot{\varphi} = -r\,H. \quad \text{(c)}$$

Dazu treten drei geometrische Bedingungen (b_t, b_n, $\ddot{\varphi}$ durch ϑ ausgedrückt, ein Freiheitsgrad, da der Zylinder rollt). Der Mittelpunkt S bewegt sich auf einem Kreis von Radius l, also ist

$$b_t = l\,\ddot{\vartheta}, \quad \text{(d)}$$
$$b_n = l\,\dot{\vartheta}^2; \quad \text{(e)}$$

ferner gilt die Rollbedingung $v = r\,\dot{\varphi}$ (C in Ruhe, φ die Absolutdrehung), d. h.*

$$r\,\dot{\varphi} = l\,\dot{\vartheta}. \quad \text{(f)}$$

(18.6)

Aus (18.6a, c, d, f) folgt

$$(m + m^*)\,l\,\ddot{\vartheta} = -G \sin \vartheta, \quad (18.6')$$

mit $m^* = \widetilde{m}/r^2$. Für kleine Ausschläge ($\sin \vartheta = \vartheta$) entstehen harmonische Schwingungen mit der Frequenz

$$\omega^2 = g/l^*, \quad (18.7)$$

wobei sich für die reduzierte Pendellänge ergibt

$$l^* = \frac{m + m^*}{m}\,l,$$

d. h.

$$l^* = \begin{cases} (3/2)\,l & \text{für den Zylinder,} \\ (7/5)\,l & \text{für die Kugel.} \end{cases} \quad (18.7')$$

(Die Kugel schwingt, ihrer kleineren Drehmasse wegen, schneller.)

Die Haftbedingung $|H| \leqq \mu_0 N$ kontrolliert man mit Hilfe der Gln. (18.6b, c, e, f) und (18.6'):

$$\frac{m^*}{m + m^*}\,g \sin \vartheta \leqq \mu_0 (g \cos \vartheta + l\,\dot{\vartheta}^2). \quad (18.8)$$

---

* Gl. (f) kann man auch aus der Bedingung erhalten, daß beim Rollen die stark gezeichneten Kreisbögen in Fig. 18/3 dieselbe Länge haben müssen:
$$(l + r)\,\vartheta = r\,(\varphi + \vartheta),$$
aber die Geschwindigkeitsformulierung (f) ist einfacher.

Für *kleine* Ausschläge ($l\dot{\vartheta}^2 \ll g$, $\cos\vartheta = 1$, $\sin\vartheta = \vartheta$) heißt das

$$\vartheta \leqq \mu_0 \frac{m+m^*}{m^*}. \qquad (18.8')$$

Für große Ausschläge muß man $\dot{\vartheta}^2$ aus (18.6') erst ausrechnen. Ist ϑ_1 der Größtausschlag ($\dot{\vartheta}_1 = 0$), so folgt aus (18.6')

$$(m+m^*)\tfrac{1}{2}l\dot{\vartheta}^2 = mg(\cos\vartheta - \cos\vartheta_1)$$

(Energiesatz!), und man erhält

$$\tan\vartheta \leqq \mu_0 \frac{m+m^*}{m^*}\left[1 + \frac{2m}{m+m^*}\left(1 - \frac{\cos\vartheta_1}{\cos\vartheta}\right)\right]. \qquad (18.8'')$$

Ist die Haftbedingung nicht erfüllt, so rutscht der Körper — was bei großen Winkeln ϑ allerdings auf ein mathematisch wenig erfreuliches Problem führt.

§ 19. Kräfte- und Momentensatz; der gleitende Stab, das Pendel mit beweglicher Aufhängung

1. *Der gleitende Stab*. Wir betrachten den Stab Fig. 19/1. Wand und Boden seien glatt; die Anfangsbedingungen seien $\psi_0 = \dot{\psi}_0 = 0$ für $t = 0$. Die dynamischen Gleichungen lauten

$$m\ddot{x} = B, \qquad (19.1\text{a})$$

$$m\ddot{y} = A - G, \qquad (19.1\text{b})$$

$$\widehat{m}\ddot{\psi} = \frac{l}{2}(A\sin\psi - B\cos\psi). \qquad (19.1\text{c})$$

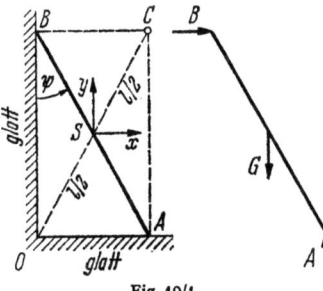

Fig. 19/1

Die geometrischen Bedingungen fordern $x_B = 0$, $y_A = 0$; nach (17.1') [mit A dort $\equiv S$] also

$$\dot{x} = \frac{l}{2}\dot{\psi}\cos\psi, \qquad \dot{y} = -\frac{l}{2}\dot{\psi}\sin\psi. \qquad (19.1\text{d, e})$$

Aus (19.1 d, e) folgt

$$\ddot{x} = \frac{l}{2}(\ddot{\psi}\cos\psi - \dot{\psi}^2\sin\psi), \qquad \ddot{y} = -\frac{l}{2}(\ddot{\psi}\sin\psi + \dot{\psi}^2\cos\psi), \qquad (19.1\text{d', e'})$$

und die Elimination von A, B, x, y aus den 5 Gln. (19.1 a, b, c, d', e') liefert

$$\left[\widehat{m} + \left(\frac{l}{2}\right)^2 m\right]\ddot{\psi} = G\frac{l}{2}\sin\psi. \qquad (19.1')$$

Diese Gleichung läßt sich *deuten* als der Momentensatz um den Punkt C — wieder ist die Benutzung des Momentanzentrums als Bezugspunkt zufällig erlaubt (s. § 20). Mit $\bar{m} = m\, l^2/12$ wird aus (19.1')

$$\ddot{\psi} = \frac{3}{2}\frac{g}{l}\sin\psi. \qquad (19.2)$$

Multipliziert man beide Seiten dieser Gleichung mit $\dot{\psi}$, so kann man einmal integrieren und erhält (mit $\dot{\psi}_0 = 0$, $\psi_0 = 0$)

$$\dot{\psi}^2 = \frac{3g}{l}(1 - \cos\psi) \qquad (19.3)$$

(vgl. Energie, § 20), womit die Geschwindigkeit als Funktion der Lage bekannt ist. Prinzipiell läßt sich aus dieser Gleichung durch nochmalige Integration $t(\psi)$ bestimmen — i. allg. führt diese Fragestellung aber auf ein elliptisches Integral, weshalb wir hier nicht darauf eingehen.

Mit (19.3) wäre unser Problem gelöst; insbesondere ließe sich die Auftreffgeschwindigkeit für $\psi = 90°$ bestimmen — *wenn* die Voraussetzungen unserer Rechnung bis zum Schluß erfüllt blieben. Diese Voraussetzungen sind

$$A > 0, \quad B > 0:$$

der Stab muß auf Boden und Wand einen Druck ausüben — sonst werden ja die geometrischen Bedingungen $y_A = 0$, $x_B = 0$ nicht mehr erzwungen.

Es ist nicht schwer, diese Bedingungen zu kontrollieren. Aus (19.1a, b) folgt mit (19.1d', e') und (19.2), (19.3)

$$A = G + m\,\ddot{y} = \frac{G}{4}[4 - 3\sin^2\psi - 6\cos\psi(1-\cos\psi)] = \frac{G}{4}(1 - 3\cos\psi)^2,$$
$$B = m\,\ddot{x} = \tfrac{3}{4} G \sin\psi\,(3\cos\psi - 2).$$

Bezüglich A ist alles in Ordnung: Die Bodenkraft erreicht einen Augenblick lang den Wert Null, wird aber nicht negativ. Dagegen ändert B für

$$\cos\psi < \cos\psi_1 \equiv \tfrac{2}{3}, \quad \psi_1 = 48°, \qquad (19.4)$$

das Vorzeichen. Ist der Stab daher nicht durch eine Führung an die Wand gebunden, so gilt von $\psi = \psi_1$ an ein ganz anderes Gleichungssystem als (19.1). Wegen $B = 0$ lautet es

$$\left.\begin{array}{l} \ddot{x} = \text{const} = \dot{x}_1, \quad m\,\ddot{y} = A - G, \\[4pt] \dfrac{m\,l^2}{12}\ddot{\psi} = A\,\dfrac{l}{2}\sin\psi, \quad \text{und} \quad \dot{y} = -\dfrac{l}{2}\dot{\psi}\sin\psi. \end{array}\right\} \qquad (19.5\text{a, b, c, d})$$

Die (konstante) x-Geschwindigkeit des Schwerpunktes folgt aus (19.4) und der geometrischen Bedingung (19.1d), die ja im Augenblick des Loslassens gerade noch gilt: $\dot{x}_1 = \tfrac{1}{3}\sqrt{g\,l}$. A, $\dot{y}$ und ψ ergeben sich aus den drei anderen Gleichungen; Elimination von A und y führt auf

$$\frac{m\,l^2}{12}\ddot{\psi} = \left[\frac{l}{2} G - m\,\frac{l^2}{4}(\dot{\psi}\sin\psi)^{\cdot}\right]\sin\psi;$$

§ 19. Kräfte- und Momentensatz; der gleitende Stab

multipliziert man diese Gleichung beiderseits mit $\dot\psi$, so läßt sie sich sofort integrieren:

$$\frac{m\,l^2}{12}\left(\frac{\dot\psi^2}{2}-\frac{\dot\psi_1^2}{2}\right)$$
$$=\frac{l}{2}G(\cos\psi_1-\cos\psi)-m\frac{l^2}{4}\frac{1}{2}[(\dot\psi\sin\psi)^2-(\dot\psi_1\sin\psi_1)^2];$$

anders zusammengefaßt:

$$\dot\psi^2\left[\sin^2\psi+\frac{1}{3}\right]-\dot\psi_1^2\left[\sin^2\psi_1+\frac{1}{3}\right]=4\frac{g}{l}(\cos\psi_1-\cos\psi). \qquad (19.6)$$

Mit (19.4), (19.3) und $\sin\psi_e=1$, $\cos\psi_e=0$ ergibt sich daraus für die Aufschlagwinkelgeschwindigkeit (Ende der Bewegung)

$$\frac{4}{3}\dot\psi_e^2==\frac{3g}{l}\left(1-\frac{2}{3}\right)\left(1-\frac{4}{9}+\frac{1}{3}\right)+4\frac{g}{l}\frac{2}{3}=\frac{32}{9}\frac{g}{l}.$$

Für die Schwerpunktsgeschwindigkeit $v_e^\dagger=-\dot y_e=\frac{l}{2}\dot\psi_e$ folgt

$$v_e=\sqrt{\tfrac{2}{3}g\,l},$$

wofür wir mit der ursprünglichen Schwerpunktshöhe $h=l/2$ schreiben können

$$v_e=\sqrt{\tfrac{4}{3}g\,h}. \qquad (19.6')$$

Wir vergleichen mit diesem Ergebnis zwei andere Fallvorgänge:

a) Die ihrer Querverbindung beraubte Leiter Fig. 19/2 fällt genau nach den Gln. (19.1), wobei aber $B<0$ sein darf. Hier gilt also die Gl. (19.2) für den ganzen Bewegungsvorgang, und mit dem Ausgangswinkel ψ_0 tritt an die Stelle von (19.3)

$$\dot\psi^2=\frac{3g}{l}(\cos\psi_0-\cos\psi).$$

Daraus folgt mit $\psi_a=\pi/2$ für die Auftreffgeschwindigkeit $v_a^\dagger=l/2\,\dot\psi_a$

$$v_a=\sqrt{\tfrac{3}{2}g\,h}, \qquad (19.6'')$$

mit $h=l/2\cos\psi_0$.

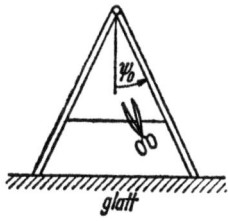

Fig. 19/2

b) Fiele der Körper ohne Führung (freier Fall), so wäre seine Auftreffgeschwindigkeit

$$v_a^*=\sqrt{2g\,h}. \qquad (19.6''')$$

2. Pendel mit beweglichem Aufhängepunkt. Ein Körperpendel, Fig. 19/3a, sei an einem Punkte A befestigt, der mit einem beweglichen Wagen starr verbunden ist.

Bezeichnen $\ddot{x}$, $\ddot{y}$ die Absolutbeschleunigung des Pendelschwerpunktes, so folgt aus Fig. 19/3 b:

$$m\ddot{x} = A_x, \qquad (a)$$

$$m\ddot{y} = A_y - G, \qquad (b)$$

$$\widehat{m}\ddot{\varphi} = -a\cos\varphi\, A_x - a\sin\varphi\, A_y, \qquad (c) \quad \Bigg\} \quad (19.7)$$

und, da der Wagen nur eine Bewegungsmöglichkeit hat,

$$m_W \ddot{x}_W = A_x. \qquad (a_W)$$

Für die Absolutgeschwindigkeiten $\dot{x}$, $\dot{y}$ des Pendelschwerpunktes gilt nach Fig. 19/3 c

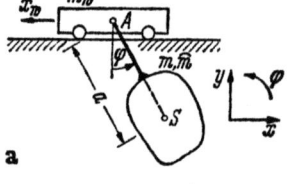

$$\dot{x} = -\dot{x}_W + a\dot{\varphi}\cos\varphi, \qquad (19.7\,\mathrm{d})$$

$$\dot{y} = \qquad\quad a\dot{\varphi}\sin\varphi. \qquad (19.7\,\mathrm{e})$$

Aus (19.7 d, e) folgt

$$\ddot{x} = a\ddot{\varphi}\cos\varphi - a\dot{\varphi}^2\sin\varphi - \ddot{x}_W, \quad (19.7\,\mathrm{d}')$$

$$\ddot{y} = a\ddot{\varphi}\sin\varphi + a\dot{\varphi}^2\cos\varphi, \qquad (19.7\,\mathrm{e}')$$

womit wir 6 Gln. (19.7 a bis a_W, d', e') haben für 6 Unbekannte: $\ddot{x}$, $\ddot{y}$, A_x, A_y, $\ddot{x}_W$ und φ. Setzt man (a, b, d', e') in (c) ein, so ergibt sich

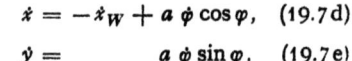

$$(\widehat{m} + a^2 m)\ddot{\varphi}$$
$$= m\ddot{x}_W a \cdot \cos\varphi - G \cdot a \cdot \sin\varphi. \quad (19.8)$$

Fig. 19/3

Als zweite Gleichung zwischen $\ddot{x}_W$ und φ folgt aus (a_W, a und d')

$$m(a\ddot{\varphi}\cos\varphi - a\dot{\varphi}^2\sin\varphi) = (m + m_W)\ddot{x}_W. \qquad (19.8)$$

Die beiden Gln. (19.8) können wir als „Relativ"-Aussagen deuten: Das Pendel schwingt in einem mit $-\ddot{x}_W$ beschleunigten Bezugssystem. In S ist daher eine Trägheitskraft $-m\,b_f = m\,\ddot{x}_W$ anzubringen; sie tritt in der Kräftegleichung für die x-Richtung neben die äußere Kraft $A_x = m_W \ddot{x}_W$, und geht in die Momentengleichung für den Punkt A mit dem Hebelarm $a\cos\varphi$ ein.

Aus (19.8) erhalten wir die Pendelgleichung

$$\ddot{\varphi}\left[\widehat{m} + a^2 m\left(1 - \frac{m}{m + m_W}\cos^2\varphi\right)\right] + \frac{m}{m + m_W} m a^2 \dot{\varphi}^2 \sin\varphi\cos\varphi$$
$$= -G\,a\sin\varphi.$$

Streichen wir alle Glieder höherer Ordnung (φ klein), so bleibt

$$\left[\widehat{m} + a^2 \frac{m\,m_W}{m + m_W}\right]\ddot{\varphi} = -G\,a\,\varphi. \qquad (19.8')$$

§ 20. Die drei Umformungen: Trägheitskraft, Impuls, Energie

Für $m_W = \infty$ ergibt sich, wie es sein muß,
$$\widetilde{m}^{(A)} \ddot\varphi = -G a \varphi.$$
Im Sonderfall des *Punktpendels* ($\widetilde{m} = 0$) wird aus (19.8')
$$a \ddot\varphi + \left(\frac{1}{m} + \frac{1}{m_W}\right) G \varphi = 0, \qquad (19.9)$$
d. h., wie in Gl. (14.9*) erhält man für den „ungefesselten" Zweimassenschwinger

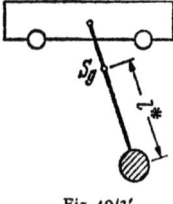

Fig. 19/3'

$$\frac{1}{m_{\text{res}}} = \frac{1}{m} + \frac{1}{m_W}.$$

Der Gl. (19.9) kann man auch die Form

$$\left.\begin{array}{c} \ddot\varphi\, l^* + g\, \varphi = 0 \\ \text{geben mit} \\ l^* = \dfrac{a}{1 + m/m_W}. \end{array}\right\} \quad (19.9')$$

Reduzierte Pendellänge l^* ist der Abstand zwischen der Pendelmasse und dem auf der Stange liegenden Gesamtschwerpunkt S_g (Fig. 19/3'); bei kleinen Ausschlägen bewegt sich dieser Punkt nicht, d. h. man kann um ihn, wie um einen festen Aufhängepunkt, $\sum M$ bilden, und erhält [mit $\widetilde{m} = 0$] sofort (19.9').

§ 20. Die drei Umformungen: Trägheitskraft, Impuls, Energie

a) Die Idee der *Trägheitskraft* zusammen mit dem Prinzip der virtuellen Verrückungen ist besonders vorteilhaft für Gebilde nach Art der Fig. 20/1: Mehrkörpergebilde, zwischen denen starre Verbindungen (hier Seile) wirksam sind, so daß das Gesamtsystem nur wenige Freiheitsgrade der Bewegung (hier einen) hat.

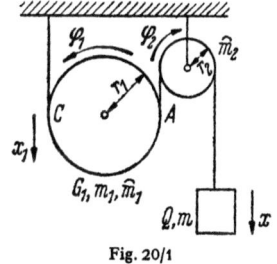

Fig. 20/1

Im Beispiel lautet der Arbeitssatz (der an die Stelle von 4 Kräftesätzen für die 3 Körper tritt)*:

$$(Q - m \ddot x) \delta x + (G_1 - m_1 \ddot x_1) \delta x_1 -$$
$$- \widetilde{m}_1 \ddot\varphi_1 \delta\varphi_1 - \widetilde{m}_2 \ddot\varphi_2 \delta\varphi_2 = 0. \quad (20.1a)$$

Zu dieser Gleichung kommen die drei geometrischen Bedingungen, die aus den 4 Bewegungsmöglichkeiten *eine* machen:

$$\ddot x_1 = -r_1 \dot\varphi_1, \quad 2 r_1 \dot\varphi_1 = r_2 \dot\varphi_2,^{**} \quad r_2 \dot\varphi_2 = \dot x. \quad (20.1\,\text{b})$$

---

* Gegenüber (15.1) ist neu nur, daß *derselbe* Körper (1) Translation und Rotation erfährt.

** Oder $r_2 \dot\varphi_2 = -\dot x_1 + r_1 \dot\varphi_1$, wenn man sich die Bewegung des Punktes A zusammengesetzt denkt aus der Bewegung des Rollenmittelpunktes + der Drehung um diesen Punkt.

Dieselben Bedingungen gelten für die virtuellen Verrückungen. Denn diese müssen verträglich sein mit der Geometrie des realen Systems (hier der Undehnbarkeit der Seile), wenn die inneren Kräfte in der Arbeitsgleichung (20.1 c) nicht auftauchen sollen — was wir angenommen haben*. Es ist also

$$\delta x_1 = -r_1\,\delta\varphi_1, \qquad 2r_1\,\delta\varphi_1 = r_2\,\delta\varphi_2, \qquad r_2\,\delta\varphi_2 = \delta x. \qquad (20.1\,\mathrm{c})$$

Da aus (20.1 b) durch Differentiation folgt

$$\ddot{x}_1 = -r_1\,\ddot{\varphi}_1, \qquad 2r_1\,\ddot{\varphi}_1 = r_2\,\ddot{\varphi}_2, \qquad r_2\,\ddot{\varphi}_2 = \ddot{x}, \qquad (20.2)$$

geht (20.1 a), wenn man $\ddot{x}$ beibehält, über in

$$\ddot{x}\left(m + m_2^* + \frac{1}{4}(m_1 + m_1^*)\right) = Q - G_1/2, \qquad \left[m_i^* = \frac{\widetilde{m}_i}{r_i^2}\right] \qquad (20.1')$$

womit dank (20.2) alle 4 Beschleunigungen bekannt sind.

Wir wollen den Arbeitssatz noch dazu benutzen, zu zeigen, wann es erlaubt ist, bei Aufgaben vom Typ der §§ 18/19 den *Momentensatz* für das Momentanzentrum statt für den Schwerpunkt zu formulieren — was in den dort behandelten Aufgaben eine merkliche Rechenerleichterung gewährt. Es genügt, *einen* Körper ins Auge zu fassen; der Arbeitsanteil der Trägheitsglieder ist

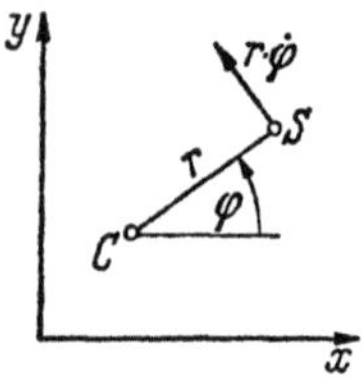

$$\delta T = m\,\ddot{x}\,\delta x + m\,\ddot{y}\,\delta y + \widetilde{m}\,\ddot{\varphi}\,\delta\varphi. \qquad (20.3\,\mathrm{a})$$

Da das Momentanzentrum C ruht, gilt nach Fig. 20/2

$$\dot{x} = -r\,\dot{\varphi}\sin\varphi, \qquad \dot{y} = r\,\dot{\varphi}\cos\varphi, \qquad (20.3\,\mathrm{b})$$

Fig. 20/2

und ebenso

$$\delta x = -r\,\delta\varphi\sin\varphi, \qquad \delta y = r\,\delta\varphi\cos\varphi. \qquad (20.3\,\mathrm{c})$$

Aus (20.3 b) folgt durch Differentiation nach der Zeit

$$\left.\begin{array}{l}\ddot{x} = -r\,\ddot{\varphi}\sin\varphi - r\,\dot{\varphi}^2\cos\varphi - \dot{r}\,\dot{\varphi}\sin\varphi, \\[4pt] \ddot{y} = r\,\ddot{\varphi}\cos\varphi - r\,\dot{\varphi}^2\sin\varphi + \dot{r}\,\dot{\varphi}\cos\varphi;\end{array}\right\} \qquad (20.4)$$

indem wir das zusammen mit (20.3 c) in (20.3 a) einsetzen ergibt sich

$$\delta T = (\widetilde{m}_c\,\ddot{\varphi} + m\,r\,\dot{r}\,\dot{\varphi})\,\delta\varphi \quad \text{mit} \quad \widetilde{m}_c = \widetilde{m} + m\,r^2. \qquad (20.4')$$

Wenn $\dot{r} = 0$ ist, d. h., wenn C und S einen festen Abstand haben, aber nur dann, hat also der Momentensatz für C dieselbe Form wie für S. In den Aufgaben von §§ 18/19 *ist* r, der Abstand CS, konstant

---

* Siehe die Anmerkung zu Gl. (4.4).

§ 20. Die drei Umformungen: Trägheitskraft, Impuls, Energie

(bei der ersten Aufgabe § 19 nur im Bereich $B > 0$), daher die einfache Form der φ-Gleichung dort nach Elimination der Reaktionskräfte.

b) Die *Impulssätze* für die allgemeine ebene Bewegung [die Zeitintegrale der Gln. (18.2)] lauten:

$$m\,\dot{x} - m\,\dot{x}_0 = \hat{X}, \quad m\,\dot{y} - m\,\dot{y}_0 = \hat{Y}, \quad \widehat{m}\,\dot{\varphi} - \widehat{m}\,\dot{\varphi}_0 = \hat{M}, \qquad (20.5)$$

wobei $\dot{x}$, $\dot{y}$ die Schwerpunktsgeschwindigkeiten sind, die Drehgrößen auf den Schwerpunkt bezogen werden, und Kraft- und Drehkraft-„Stoß" wieder das übergesetzte $\wedge$ tragen. — Anwendungsbeispiele für diese Gleichungen im nächsten Paragraphen.

c) Auch der *Energiesatz* wird besonders einfach, wenn man als Bezugspunkt den Schwerpunkt benutzt: Die kinetische Gesamtenergie des Körpers $T = \int \frac{1}{2} v_P^2 \, dm$ wird mit

$$\dot{x}_P = \dot{x} - \eta\,\dot{\varphi}, \quad \dot{y}_P = \dot{y} + \xi\,\dot{\varphi}, \quad \text{(s. Fig. 20/3)}$$

und

$$\int \eta \, dm = 0, \quad \int \xi \, dm = 0,$$

$$T = \frac{m}{2}(\dot{x}^2 + \dot{y}^2) + \frac{\widehat{m}}{2}\,\dot{\varphi}^2, \qquad (20.6)$$

setzt sich also additiv aus Translations- und Rotationsenergie zusammen. Für die Endgeschwindigkeit der Rolle Fig. 20/4 ergibt der Energiesatz z. B.

$$G\,h = \tfrac{1}{2} m\,v^2 + \tfrac{1}{2} \widehat{m}\,\dot{\varphi}^2, \qquad (20.7)$$

was mit der Rollbedingung $\dot{\varphi} = v/r$ und mit $\widehat{m}/r^2 = m^*$ die Form

$$G\,h = \tfrac{1}{2}(m + m^*)\,v^2$$

annimmt. Die Endgeschwindigkeit ist also

$$v = \sqrt{2g\,h/(1 + m^*/m)}, \qquad (20.7')$$

d. h. geringer als im Fall des idealen Gleitens, weil ein Teil der potentiellen Energie verbraucht wird, um Drehenergie zu erzeugen.

Im allgemeinen ist, wie wir schon in § 9c betont haben, der Energiesatz nützlich nur für Systeme mit einem Freiheitsgrad: Nur dann kann

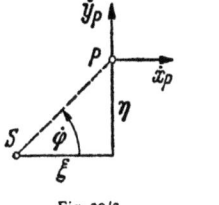

Fig. 20/3

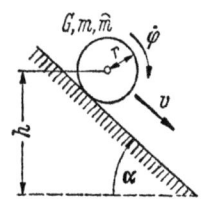

Fig. 20/4

die (skalare) Energiegleichung die (vektorielle) Kräftegleichung ersetzen. Das erste Beispiel aus § 19 zeigt indessen, daß noch ein Fall denkbar ist, in dem der Energiesatz dasselbe leistet — mathematisch sehr viel bequemer! — wie die Kräftesätze: wenn von den Freiheitsgraden einer mechanisch uninteressant ist, weil die zugehörige Geschwindigkeit konstant bleibt. Anstelle der beiden dynamischen Gln. (19.5b, c) kann man dort ansetzen

$$G \frac{l}{2} (\cos \psi_1 - \cos \psi)$$
$$= \left[\frac{m}{2} (\dot{x}^2 + \dot{y}^2) + \frac{\widehat{m}}{2} \dot{\psi}^2 \right] - \left[\frac{m}{2} (\dot{x}_1^2 + \dot{y}_1^2) + \frac{\widehat{m}}{2} \dot{\psi}_1^2 \right]. \quad (20.8)$$

Wegen $\dot{x} = \dot{x}_1$ fällt der $\dot{x}$-Anteil rechts heraus; zwischen $\dot{y}$ und $\dot{\psi}$ besteht die Bindung (19.5d), und daher liefert (20.8) ohne Integration unmittelbar die Gl. (19.6) aus der wir (z. B.) die Auftreffgeschwindigkeit bestimmen konnten.

Im Licht der Energiebilanz ist auch die Zahlenfolge (19.6'), (19.6''), (19.6''') für die Auftreffgeschwindigkeit des fallenden Stabes unmittelbar verständlich: Die potentielle Energie $G h$ verwandelt sich beim frei fallenden Stab (19.6''') vollkommen in Translationsenergie $\frac{m}{2} v_a^2$. Der Stab (19.6'') hat im Augenblick des Auffalls außerdem Rotationsenergie, und im Fall (19.6') tritt zu beiden — als weiterer „Verlust" — noch die Translationsenergie der x-Bewegung.

§ 21. Der nicht-zentrische Stoß

a) Das Stoßzentrum des Körperpendels. *Erstes Beispiel.* Wir beginnen mit dem ballistischen Pendel Fig. 15/3 und stellen die Frage, ob die Aufhängung des Pendels durch den Einschußstoß notwendig in Mitleidenschaft gezogen wird. Wir wollen zeigen, daß es einen Einschußpunkt gibt, für den der Aufhängekraftstoß $\hat{A}$ verschwindet. Nach Fig. 15/3 und 21/1 gilt

Impulssatz für das Geschoß $\qquad m(\dot{x}_B - v) = -\hat{K},$ (a)
Impulssatz für das Pendel $\qquad m_1 \dot{x} = \hat{K} - \hat{A},$ (b) (21.1)
Impulsmomentensatz für das Pendel $\widehat{m}_1^{(A)} \dot{\varphi}_0 = l \hat{K}.$ (c)

Dazu kommen die beiden geometrischen Bedingungen

$$\dot{x} = a \dot{\varphi}_0 \quad \text{und} \quad \dot{x}_B = l \dot{\varphi}_0. \quad (21.1\,\text{d, e})$$

Elimination von $\hat{K}$ aus (a) und (c) liefert Gl. (15.5) — es soll jetzt aber $\hat{K}$ bestimmt werden, damit aus (b) $\hat{A}$ berechnet werden kann. Aus (c) und (15.5') folgt

$$\hat{K} = m v$$

§ 21. Der nicht-zentrische Stoß

[was man mit $\dot{x}_B \ll v$ auch aus (a) ablesen kann]; (b), zusammen mit (d) und $\widehat{m}_1^{(A)} = i_{(A)}^2 m_1$, liefert daher

$$\hat{A} = m v \left(1 - \frac{a l}{i_{(A)}^2}\right). \tag{21.1'}$$

$\hat{A}$ verschwindet, wenn die Klammer verschwindet, d. h. wenn der Abstand l zwischen Aufhänge- und Einschußpunkt gerade gleich ist der reduzierten Pendellänge $l^* \equiv i_{(A)}^2/a$. Nicht der Schwerpunkt (wie man vermuten könnte), sondern der Reversionspunkt (Schwingungsmittelpunkt) O' in Fig. 14/1 ist also derjenige Stoßpunkt, für den der Pendelimpuls den Geschoßimpuls vollständig auffängt, so daß die Aufhängung nicht beansprucht wird. O' heißt daher auch das Stoßzentrum.

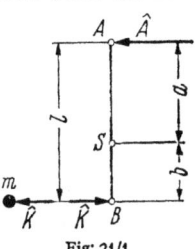

Fig. 21/1

Als *zweites Beispiel* betrachten wir die waagerecht in einer vertikalen Symmetrieebene gestoßene Billardkugel. Wo muß man stoßen, damit die Kugel sofort rollt? Mit den Beziehungen der Fig. 21/2 lauten die Impulssätze*

$$m v_0 = \hat{K}, \quad i^2 m \dot{\varphi}_0 = \widehat{m} \dot{\varphi}_0 = h \hat{K}. \tag{21.2}$$

Die Kugel rollt, wenn $v_0 = r \dot{\varphi}_0$ ist; daraus folgt für die Stoßhöhe $h = h^*$ über O

$$h^* = \frac{i^2}{r}, \quad \text{d. h.} \quad l^* = r + h^* = \frac{i_{(B)}^2}{r}. \tag{21.2'}$$

Der Stoßpunkt muß also vom „Aufhängepunkt" B des „Pendels" den Abstand l^* haben — dann bleibt dieser Punkt in Ruhe auch ohne Haltekraft.

Ist $h \neq h^*$, so rutscht die Kugel — nach dem Stoß — bis die Reibungskraft $R = \mu G$ die Geschwindigkeiten ausgeglichen hat. Beim tiefen Stoß $(h < h^*)$ überwiegt v_0, die Reibungskraft wirkt nach links, und die Bewegungsgleichungen lauten

Fig. 21/2

$$m \dot{v} = -\mu G, \quad \widehat{m} \ddot{\varphi} = r \mu G,$$

integriert

$$v = v_0 - \mu g t, \quad r \dot{\varphi} = r \dot{\varphi}_0 + \mu \frac{r^2}{i^2} g t. \tag{21.3}$$

Rollen tritt ein für $r \dot{\varphi} = v$, d. h. nach einer Zeit

$$t_1 = \frac{v_0}{\mu g} \frac{i^2 - h r}{i^2 + r^2}. \tag{21.3'}$$

---

* Die Reibungskraft in B: $R = \mu G$ geht wegen $\int_0^{\Delta t} G dt \ll \hat{K}$ in (21.2) nicht ein.

Die Endgeschwindigkeit ist

$$v_0\left(1 - \frac{i^2 - h\,r}{i^2 + r^2}\right) = v_0\,\frac{r(h+r)}{i^2+r^2} = v_0\,\frac{r\,l}{i^2_{(B)}}, \qquad (21.3'')$$

wenn l die Stoßhöhe über dem Boden bezeichnet.

Beim hohen Stoß ($h > h^*$) überwiegt $r\,\dot\varphi_0$, die Reibungskraft wirkt nach rechts; die Zeit bis zum Rollen ist

$$t_1 = \frac{v_0}{\mu\,g}\,\frac{h\,r - i^2}{i^2 + r^2},$$

und die Endgeschwindigkeit wieder $v_0\,\dfrac{r\,l}{i^2_{(B)}}$; sie wächst bei gleichem $\hat{K}$ mit l — aber natürlich rutscht für $l \approx 2r$ der stoßende Stab ab.

b) Schiefer Stoß. Als *drittes Stoßbeispiel* betrachten wir die gegen eine Schwelle laufende Kugel Fig. 21/3. Wir fragen: Wie hoch springt die Kugel nach einem plastischen Stoß in E? Wir unterteilen den Vorgang in 3 Phasen

α) Rollen, β) Stoß, γ) Flug.

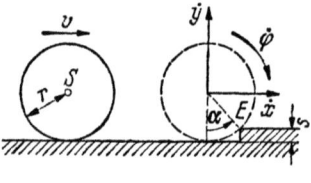

α) Die erste Phase ist denkbar einfach — aus der Rollbedingung folgt, daß mit der Geschwindigkeit v eine Drehgeschwindigkeit

Fig. 21/3
$$\dot\varphi_0 = v/r$$

verbunden ist.

β) Von der Stoßphase nehmen wir an, daß sie sehr kurz dauert. Damit ist gemeint: Es wirken für eine sehr kurze Zeit Δt sehr große Kräfte, die eine Impulsänderung erzwingen, ohne daß dabei Wege $\int_0^{\Delta t} \dot x\,dt$ zurückgelegt werden. Außerdem sind neben den von der Ecke E ausgeübten Stoßkräften Kräfte wie Gewicht, Boden-Normaldruck und Haftung vernachlässigbar.

Die dynamischen Gleichungen lauten daher

$$m\,\dot x - m\,v = -\hat X, \quad m\,\dot y = \hat Y,$$
$$\overline{m}\,\dot\varphi - \overline{m}\,\dot\varphi_0 = r\cos\alpha\,\hat X - r\sin\alpha\,\hat Y, \qquad (21.4\,\text{a, b, c})$$

Dazu kommt die Annahme „plastischer Stoß": am *Ende* des Stoßes ist der Punkt E der Kugel in Ruhe, d. h., es ist

$$\dot x - r\,\dot\varphi\cos\alpha = 0, \quad \dot y - r\,\dot\varphi\sin\alpha = 0. \qquad (21.4\,\text{d, e})$$

Elimination von $\hat X$, $\hat Y$, $\dot x$ und $\dot y$ liefert

$$(\overline{m} + m\,r^2)\,\dot\varphi = \overline{m}\,\frac{v}{r} + m\,v\,r\cos\alpha. \qquad (21.4')$$

Fig. 21/3' Diese Gleichung ist deutbar als der Impulsmomenten-

§ 21. Der nicht-zentrische Stoß

satz für den Punkt E, der ja nach Voraussetzung während des plastischen Stoßes ruht und daher als Bezugspunkt gewählt werden darf: rechts steht die Summe aus Drehimpuls bezüglich S und Impulsmoment der Translationsbewegung bezüglich E vor dem Stoß, links das Impulsmoment bezüglich E nach dem Stoß. Aus (21.4') folgt:

$$r\,\dot\varphi = \zeta v \quad \text{mit} \quad \zeta = \frac{m\cos\alpha + m^*}{m + m^*}, \qquad (21.4'')$$

wobei für die
$$\begin{cases} \text{Kugel} & m^* = \tfrac{2}{5}m, \\ \text{Walze} & m^* = \tfrac{1}{2}m \end{cases}$$

ist. Nach Fig. 21/3 kann man α durch s ausdrücken:

es wird
$$\cos\alpha = 1 - \frac{s}{r};$$

$$\zeta = 1 - \frac{m}{m + m^*}\frac{s}{r},$$

d. h. für kleine Werte s/r ist $\zeta \approx 1$.

γ) Die Flughöhe liefert der Energiesatz. Fehlen Widerstandskräfte, so sind $\dot x$ und $\dot\varphi$ konstant, nur $\dot y$ ändert sich. Am höchsten Punkt ist $\dot y = 0$, und daher ist die potentielle Energie gleich der Anfangsenergie der Translation in y-Richtung:

$$G\,h = \frac{m}{2}\dot y^2 = \frac{m}{2}(\zeta\sin\alpha)^2 v^2. \qquad (21.5)$$

Für kleine Werte s/r ist

$$\zeta^2\sin^2\alpha = \left(1 - \frac{m}{m+m^*}\frac{s}{r}\right)^2 \left(1 - \left(1 - \frac{s}{r}\right)^2\right) \approx \frac{2s}{r},$$

und daher
$$h \approx \frac{s}{r}\frac{v^2}{g}. \qquad (21.5')$$

Viertes Beispiel. Das Spezielle des vorigen Beispiels war die einfache geometrische Bedingung (21.4 d, e), die Bedingung „plastischer Stoß". Fig. 21/4 deutet den sozusagen entgegengesetzten Grenzfall an: Die

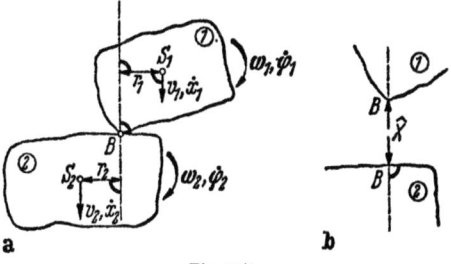

Fig. 21/4

Oberfläche des Körpers ② sei glatt, so daß die Richtung der Stoßkraft $\hat{X}$ (Fig. 21/4 b) festliegt, und es trete auch sonst kein Energieverlust ein: „elastischer Stoß". Vor dem Stoß sind die Geschwindigkeiten des Körpers v_1, v_2, ω_1, ω_2 (die Geschwindigkeiten senkrecht zu $\hat{X}$ ändern sich nicht und bleiben daher außer Betracht). Zur Berechnung der vier Geschwindigkeiten nach dem Stoß $\dot{x}_1$, $\dot{\varphi}_1$, $\dot{x}_2$, $\dot{\varphi}_2$ und der Stoßkraft $\hat{X}$ stehen fünf Gleichungen zur Verfügung, die vier Impulssätze

$$\left.\begin{array}{c} m_1 v_1 - m_1 \dot{x}_1 = \hat{X} = m_2 \dot{x}_2 - m_2 v_2, \\ \dfrac{1}{r_1}(\widehat{m}_1 \dot{\varphi}_1 - \widehat{m}_1 \omega_1) = \hat{X} = \dfrac{1}{r_2}(\widehat{m}_2 \dot{\varphi}_2 - \widehat{m}_2 \omega_2) \end{array}\right\} \quad (21.6)$$

und der Energiesatz

$$\tfrac{1}{2} m_1 \dot{x}_1^2 + \tfrac{1}{2} m_2 \dot{x}_2^2 + \tfrac{1}{2} \widehat{m}_1 \dot{\varphi}_1^2 + \tfrac{1}{2} \widehat{m}_2 \dot{\varphi}_2^2 = \tfrac{1}{2} m_1 v_1^2 + \tfrac{1}{2} m_2 v_2^2 + \tfrac{1}{2} \widehat{m}_1 \omega_1^2 + \tfrac{1}{2} m_2 \omega_2^2.$$

Schreiben wir den Energiesatz in der Form

$$m_1(\dot{x}_1^2 - v_1^2) + \widehat{m}_1(\dot{\varphi}_1^2 - \omega_1^2) + m_2(\dot{x}_2^2 - v_2^2) + \widehat{m}_2(\dot{\varphi}_2^2 - \omega_2^2) = 0 \quad (21.6')$$

und dividieren jeden Term durch „seine" Form von $\hat{X}$, so entsteht

$$-(\dot{x}_1 + v_1) + r_1(\dot{\varphi}_1 + \omega_1) + (\dot{x}_2 + v_2) + r_2(\dot{\varphi}_2 + \omega_2) = 0.$$

Nun sind aber

$$v_1 - r_1 \omega_1 = v_1^B, \qquad v_2 + r_2 \omega_2 = v_2^B,$$
$$\dot{x}_1 - r_1 \dot{\varphi}_1 = \dot{x}_1^B, \qquad \dot{x}_2 + r_2 \dot{\varphi}_2 = \dot{x}_2^B$$

die Geschwindigkeiten des Berührungspunktes B; d. h., die Kombination des Energiesatzes mit den Impulssätzen liefert die einfache Aussage

$$-(\dot{x}_1^B + v_1^B) + (\dot{x}_2^B + v_2^B) = 0$$

oder

$$-(\dot{x}_1^B - \dot{x}_2^B) = v_1^B - v_2^B. \quad (21.6'')$$

Die lineare Aussage (21.6'') — Umkehr der Relativgeschwindigkeit am Berührungspunkt — können wir also anstelle des Energiesatzes zu den (ebenfalls linearen) Impulssätzen fügen. (21.6'') ist die Erweiterung des Ergebnisses (6.6) auf den (verlustlosen) *nicht* zentralen Stoß.

Es liegt nahe, den Energieverlust durch eine Stoßzahl e abzudecken, d. h. (21.6'') zu

$$-(\dot{x}_1^B - \dot{x}_2^B) = e(v_1^B - v_2^B) \quad (21.6^*)$$

zu erweitern. Aber natürlich verliert man damit ein wenig den Boden unter den Füßen, denn ein solches „e" ist nun sicher keine Materialkonstante mehr, da es ja abhängt von der sehr zufälligen Beschaffenheit der Berührungs„punkte".

Noch deutlicher werden die Grenzen, die einer elementaren Stoßtheorie der ebenen Bewegung gesetzt sind, wenn man schließlich die Voraussetzung einer ideal-glatten Oberfläche [in Fig. 21/4 des Kör-

§ 21. Der nicht-zentrische Stoß

pers (2)] fallenläßt, also Reibung oder gar Haftung (in Fig. 21/4 in Richtung y) zuläßt. Wie man versuchen kann sich zu helfen, soll das *fünfte Beispiel* zeigen. Wir betrachten den Ball Fig. 21/5, der gegen eine rauhe Wand geworfen wird. Der Anflug sei gekennzeichnet durch die Geschwindigkeit v, den Winkel α und die Drehung ω, der Abflug durch w, β und $\dot\varphi$. In den Impulssätzen

$$m(w_x - v_x) = \hat{X}, \quad m(w_y - v_y) = -\hat{Y}, \qquad (21.7\,a, b)$$

$$\overline{m}(\dot\varphi - \omega) = r\,\hat{Y} \qquad (21.7\,c)$$

ist dann

$$-v_x = v\cos\alpha, \quad v_y = v\sin\alpha,$$
$$w_x = w\cos\beta, \quad w_y = w\sin\beta.$$

Zu diesen Gleichungen (drei für fünf Unbekannte) treten die Annahmen über den Charakter des Stoßes:

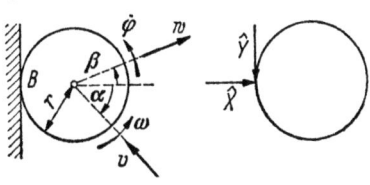

Fig. 21/5

α) Reibung. Zwischen $\hat{Y}$ und $\hat{X}$ möge das Coulombsche Reibungsgesetz gelten (Rutschen während des ganzen Stoßvorganges):

$$\pm\hat{Y} = \mu\,\hat{X}. \qquad (21.7\,d)$$

Das Vorzeichen von $\hat{Y}$ hängt ab von der Bewegungsrichtung des Punktes B. Um an Bestimmtes zu denken, soll $v\sin\alpha > r\omega$ sein, dann wirkt $\hat{Y}$ nach unten (wie in der Figur angenommen), und für (21.7 a – d) können wir schreiben

$$\hat{X} = m(w_x - v_x) = \frac{m}{\mu}(v_y - w_y) = \frac{\overline{m}}{\mu\,r}(\dot\varphi - \omega). \qquad (21.7')$$

Der Energiesatz lautet, wenn *nur* Reibungsarbeit verlorengeht,

$$\tfrac{1}{2}[m(v_x^2 - w_x^2) + m(v_y^2 - w_y^2) + \overline{m}(\omega^2 - \dot\varphi^2)] = \int Y\,ds. \qquad (21.7\,e)$$

Setzen wir für den Reibungsweg $ds = \bar{v}^B\,dt$, worin $\bar{v}^B$ eine (für das Stoßintegral konstante) „mittlere" Rutschgeschwindigkeit ist, so geht die rechte Seite über in $\hat{Y}\bar{v}^B$. Nun dividieren wir jedes Glied des Energiesatzes wieder durch „sein" $\hat{X}$ aus (21.7') und erhalten

$$\tfrac{1}{2}(v_x + w_x) + \tfrac{1}{2}\mu[(v_y + w_y) - r(\omega + \dot\varphi)] = \mu\,\bar{v}^B.$$

Wählt man für $\bar{v}^B$ das arithmetische Mittel aus Anfangs- und Endgeschwindigkeit (was sicher nicht ganz falsch ist), so heben sich die μ-Terme heraus, und es bleibt $v_x + w_x = 0$, oder*

$$w\cos\beta = v\cos\alpha.$$

---

* Beim Stoß zweier Körper, die sich beliebig bewegen können, geht diese Gleichung in (21.6″) über: Die Reibungsarbeit wirkt sich nur auf den zur Richtung x in Fig. 21/4 orthogonalen Bewegungsvorgang des Punktes B aus.

Wieder verbessern wir diese Gleichung durch Hineinnehmen einer Stoßzahl, die sich im Beispiel von der des geraden Stoßes nicht sehr zu unterscheiden braucht, und erhalten damit als fünfte Gleichung

$$w \cos\beta = e\, v \cos\alpha. \tag{21.8}$$

Aus (21.7′) und (21.8) ergeben sich die drei Abfluggrößen $w, \beta, \dot\varphi$ zu

$$\left.\begin{aligned} w \sin\beta &= v(\sin\alpha - \mu(1+e)\cos\alpha), \\ r\,\dot\varphi &= r\,\omega + v\,\mu\,\frac{m}{m^*}\,(1+e)\cos\alpha, \\ \tan\beta &= \frac{1}{e}\big(\tan\alpha - \mu(1+e)\big). \end{aligned}\right\} \tag{21.8′}$$

β) Haftung. Natürlich gilt dieses Ergebnis nur, wenn der Punkt B auch am Ende des Stoßes noch rutscht, also wenn herauskommt: $r\,\dot\varphi < w \sin\beta$. Ist diese Bedingung nicht erfüllt, so ist die Reibung während des Stoßes in Haftung übergegangen, und an die Stelle von (21.7 d) tritt die Bedingung $\dot y_B = 0$, d. h.

$$w \sin\beta = r\,\dot\varphi. \tag{21.7d*}$$

Obwohl eine Energiebetrachtung für den Fall der Haftung noch unsicherer ist als im Fall der Reibung, mag die Gl. (21.8) bestehenbleiben: Wir können sie ja mit der Annahme begründen, daß dieser Teil des Stoßvorganges nicht viel anders ablaufen kann als beim zentrischen Stoß, d. h., daß er durch den Lotrechtstoß $\hat Y$ nicht wesentlich gestört werde. Dann haben wir wieder fünf Gleichungen, (27.7 a, b, c, d*) und (21.8), d. h., wir können die drei Abfluggrößen bestimmen. Das Ergebnis der einfachen Rechnung ist

$$\left.\begin{aligned} w \sin\beta &= r\,\dot\varphi = \frac{m\,v \sin\alpha + m^*\,r\,\omega}{m + m^*} \\ \tan\beta &= \frac{m}{e(m+m^*)}\tan\alpha + \frac{m^*}{e(m+m^*)}\,\frac{r\,\omega}{v \cos\alpha}. \end{aligned}\right\} \tag{21.9*}$$

Das letzte Beispiel zeigt besonders deutlich, daß man sich, sobald man den ideal-plastischen Stoß verläßt, mit mehr oder weniger willkürlichen Annahmen behelfen muß. Die Stoßzahl e enthält schon beim geraden Stoß ein hohes Maß von Unsicherheit, wieviel mehr beim schiefen. Dazu kommt die Willkür, die in der Annahme über der Stoßzeit liegt: Δt muß so kurz sein, daß Integrale vom Typ $\int_0^{\Delta t} G\,dt$ und $\int_0^{\Delta t} \dot x\,dt$ vernachlässigt werden können, andererseits so lang, daß die durch den Stoß erzeugten elastischen Wellen beide Stoßkörper durchlaufen haben. Denn der Stoß ist ein verlustbehafteter Schwingungsvorgang, wobei ein Teil der Energie durch Plastizierung der Berührungsregionen, ein Teil durch Ausbreitung der Wellen verlorengeht. Aber natürlich ist die aus der elementaren Theorie mit ihren Annahmen gewonnene Information besser als keine.

Aufgaben zu E

1. Der Stab OB eines Stabzweischlags bewege sich nach dem Gesetz $\varphi = \varphi_0 \cos\omega t$ um O. Man bestimme in Abhängigkeit vom Winkel φ die Geschwindigkeit v_A des horizontal geführten Punktes A.

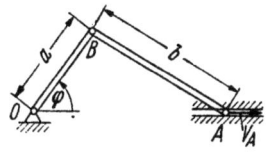

Lösung:

$$v_A = + a\omega \sqrt{\varphi_0^2 - \varphi^2} \sin\varphi \left(1 + \frac{a\cos\varphi}{\sqrt{b^2 - a^2 \sin^2\varphi}}\right).$$

2. Die Gleitstücke B und C eines Doppelkurbeltriebes sind durch die Stange BC verbunden. Die Kurbel OA dreht sich mit der Winkelgeschwindigkeit $\Omega = 10\,\text{sec}^{-1}$.

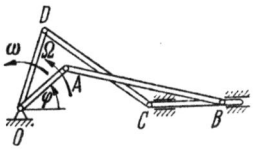

Man bestimme für den Winkel $\varphi = 30°$
a) die Geschwindigkeiten der Punkte A, B, C, D nach Größe und Richtung,
b) die Winkelgeschwindigkeit ω der Kurbel OD. (Graphische Lösung mit Hilfe der Momentanzentren zweckmäßig.)

Abmessungen: $\overline{OA} = 2{,}0$ cm, $\overline{AB} = 5{,}2$ cm, $\overline{CB} = 2{,}5$ cm, $\overline{CD} = 4{,}0$ cm, $\overline{OD} = 2{,}9$ cm.

Lösung:
a) $v_A = 20$ cm/sec, $v_B = v_C = 13{,}3$ cm/sec, $v_D = 10{,}5$ cm/sec;
b) $\omega = 3{,}6\,\text{sec}^{-1}$.

3. Eine dünne Stange, die sich bei B auf eine glatte horizontale Ebene stützt, fällt von der gezeichneten Lage aus.
Wie lautet die Gleichung der Bahnkurve im raumfesten Koordinatensystem x, y
a) des Schwerpunktes S,
b) des Endpunktes A?

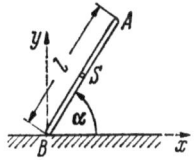

Lösung:
a) $x = \dfrac{l}{2} \cos\alpha$;
b) $y^2 = l^2 - (2x - l\cos\alpha)^2$.

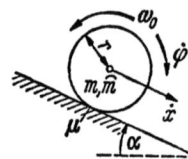

4. Eine Walze ($m, \widetilde{m}, r$) drehe sich mit der Winkelgeschwindigkeit ω_0 in der angegebenen Richtung. Sie werde auf eine rauhe schiefe Ebene gesetzt (μ, α).

a) Man bestimme die Geschwindigkeiten $\dot{x}(t)$ und $\dot{\varphi}(t)$ für die rutschende Walze [$\dot{x}(0) = 0$].

b) Für welche Neigung α bewegt sich die Walze zunächst nach oben?

c) Nach welcher Zeit t_1 beginnt das Rollen?

d) Für welche Neigung α tritt kein Rollen ein?

Lösung:

a) $\dot{x}(t) = g\,t\,(\sin\alpha - \mu\cos\alpha)$,

$\dot{\varphi}(t) = g\,t\,\dfrac{m\,r}{\widetilde{m}}\,\mu\cos\alpha - \omega_0$;

b) $\tan\alpha < \mu$;

c) $t_1 = \dfrac{1}{\xi}\,\dfrac{r\,\omega_0}{g}$ mit

$\xi = \dfrac{m\,r^2}{m\,r^2 + \widetilde{m}}\,\mu\cos\alpha - \sin\alpha$,

d) $\tan\alpha > \mu\,\dfrac{m\,r^2}{m\,r^2 + \widetilde{m}}$.

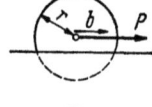

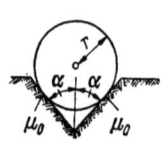

5. In einer horizontalen geraden Führungsschiene mit dreieckigem Querschnitt (Öffnungswinkel 2α) wird eine homogene Kugel (Radius r, Masse m, Drehmasse $\widetilde{m} = \tfrac{2}{5}m\,r^2$) durch die konstante Kraft P mit der Beschleunigung b vorwärtsbewegt. Die Seitenwände der Rinne sind rauh (Haftungskoeffizient μ_0).

a) Wie groß darf bei vorgegebenem μ_0 und α die Beschleunigung b höchstens sein ($b = b_1$), wenn man fordert, daß die Kugel rollen soll?

b) Wie groß ist dann P ($= P_1$)?

Lösung:

a) $b_1 = \dfrac{5}{2}\,\mu_0 \sin\alpha\,g$;

b) $P_1 = \left(\dfrac{5}{2} + \dfrac{1}{\sin^2\alpha}\right)\mu_0 \sin\alpha\,m\,g$.

6. Eine Rolle (m, r), die auf einer rauhen schiefen Ebene (α, μ_0, μ) liegt, ist über ein Seil, das haftend über eine zweite Rolle (m, r) läuft, mit einem Körper (m_1) verbunden. Die Körper werden sich selbst überlassen. Für die

Werte:

$m_1 = 6\,m$, $\alpha = 30°$, $\left[\mu_0 = \dfrac{1}{3}\right]$, $\mu = \dfrac{1}{2\sqrt{3}}$

ermittle man die Beschleunigungen $\ddot{x}$ und $\ddot{\varphi}$.

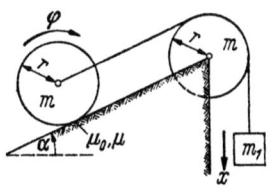

Lösung:

$$\ddot{x} = g\,\frac{m_1 - m\sin\alpha - m\mu\cos\alpha}{m_1 + \tfrac{3}{2}m} = \frac{7}{10}g,$$

$$\ddot{\varphi} = 2\mu\cos\alpha\,\frac{g}{r} = \frac{1}{2}\,\frac{g}{r}.$$

7. Nach welcher Zeit t_1 stößt der an einer Seiltrommel hängende Körper auf den Boden auf, wenn er aus der skizzierten Lage, die gleichzeitig Ruhelage der Zahnradübersetzung ist, losgelassen wird?

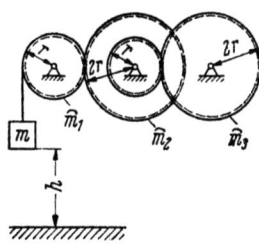

Lösung:

$$t_1 = \frac{1}{2r}\sqrt{\frac{h(16m\,r^2 + 16\widehat{m}_1 + 4\widehat{m}_2 + \widehat{m}_3)}{2m\,g}}.$$

8. Ein Keil (Masse m_1, Öffnungswinkel α) liegt auf einer glatten horizontalen Unterlage. Ein Klotz (Masse m_2) gleitet die glatte schiefe Ebene des Keils hinunter und setzt ihn in Bewegung.
Wie groß sind die Beschleunigungen $\ddot{x}_1$, $\ddot{y}_1$ und $\ddot{x}_2$, $\ddot{y}_2$ der beiden Körper?

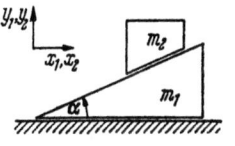

Lösung:

$$\ddot{x}_1 = g\,\frac{m_2\sin\alpha\cos\alpha}{m_1 + m_2\sin^2\alpha}, \qquad \ddot{y}_1 = 0,$$

$$\ddot{x}_2 = -g\,\frac{m_1\sin\alpha\cos\alpha}{m_1 + m_2\sin^2\alpha},$$

$$\ddot{y}_2 = -g\,\frac{(m_1 + m_2)\sin^2\alpha}{m_1 + m_2\sin^2\alpha}.$$

9. Eine Mutter (Masse m, Drehmasse $\widehat{m}$) gleitet infolge ihres Eigengewichts ein steiles Flachgewinde (Steigungswinkel α, Reibungskoeffizient μ, mittlerer Bolzenradius r) hinab.
Wie groß ist ihre Beschleunigung $\ddot{x}$?

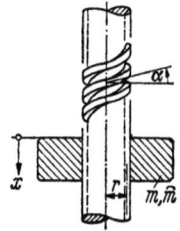

Lösung:

$$\ddot{x} = g\,\frac{m}{m + \dfrac{\widehat{m}}{r^2}\,\dfrac{\cot\alpha + \mu}{\tan\alpha - \mu}}.$$

10. Um eine Trommel (Drehmasse $\widehat{m}_2 = 2\widehat{m}_3$) sind in der skizzierten Weise zwei undehn-

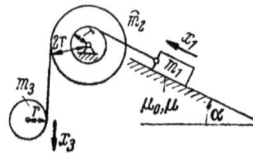

bare Seile geschlungen, die einen Klotz (Masse m_1) und eine Walze (Masse m_3, Radius r) mit der Trommel verbinden. Der Haftungskoeffizient zwischen Klotz und schiefer Ebene ist μ_0, der Reibungskoeffizient μ.

a) Bei welchem Verhältnis m_3/m_1 beginnt die Masse m_1 zu rutschen?

b) Wie groß sind die Beschleunigungen $\ddot{x}_1$ und $\ddot{x}_3$, wenn vorausgesetzt wird, daß der Klotz nach oben rutscht?

Lösung:

a) $\dfrac{m_3}{m_1} = \dfrac{3}{2}(\sin\alpha \pm \mu_0 \cos\alpha);$

b) $\ddot{x}_1 = g\,\dfrac{2m_3 - 3m_1(\mu\cos\alpha + \sin\alpha)}{3m_1 + 7m_3},$

$\ddot{x}_3 = g\,\dfrac{6m_3 + 2m_1(1 - \mu\cos\alpha - \sin\alpha)}{3m_1 + 7m_3}.$

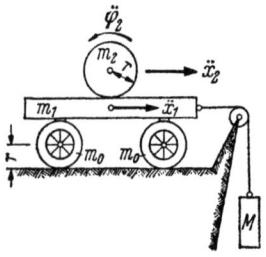

11. Eine an einem undehnbaren Seil hängende Masse M beschleunigt einen Wagen (Masse des Kastens m_1), der auf zwei Speicherräderpaaren (Masse je Paar m_0, Masse der Speichen vernachlässigbar) auf seiner horizontalen Unterlage *rollen* soll. Auf dem Wagen liegt eine homogene Walze (Masse m_2).

a) Wie groß sind die absoluten Beschleunigungen $\ddot{x}_1$, $\ddot{x}_2$, $\ddot{\varphi}_2$, wenn die Walze auf dem Wagen *rollt*?

b) Wie groß ist die Beschleunigung $\ddot{x}_{2\,\text{rel}}$ relativ zu dem Wagen?

c) Bis zu welchem Wert $M_{\max}$ darf M anwachsen, damit bei einem Haftungskoeffizient μ_0 zwischen Walze und Wagen die Scheibe noch *rollt*?

d) Wie groß muß μ_0 sein, damit die Walze bei beliebig großem M rollt?

Lösung:

a) $\ddot{x}_1 = g\,\dfrac{M}{M + m_1 + 4m_0 + \frac{1}{3}m_2},$

$\ddot{x}_2 = \dfrac{1}{3}\ddot{x}_1,\ \ddot{\varphi}_2 = \dfrac{2}{3}\dfrac{\ddot{x}_1}{r};$

b) $\ddot{x}_{2\,\text{rel}} = -\dfrac{2}{3}\ddot{x}_1;$

c) $M_{\max} = \dfrac{\mu_0}{1 - 3\mu_0}(3m_1 + 12m_0 + m_2);$

d) $\mu_0 = \dfrac{1}{3}.$

12. Eine starre Scheibe (Masse m, Drehmasse $\widehat{m}$, Radius r) ruht flach auf der glatten horizontalen x–y-Ebene. Die Scheibe erhält am Punkt A einen Kraftstoß $\hat{P}$.

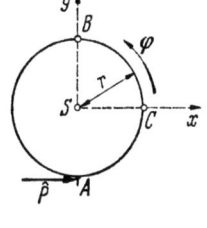

a) Man bestimme die Geschwindigkeiten $\dot{x}_B$, $\dot{y}_B$, $\dot{x}_C$ und $\dot{y}_C$ der Punkte B und C unmittelbar nach dem Stoß.

b) Wie groß ist die kinetische Energie T der Scheibe nach dem Stoß?

Lösung:

a) $\dot{x}_B = +\hat{P}\left(\dfrac{1}{m} - \dfrac{r^2}{\widehat{m}}\right)$, $\quad \dot{y}_B = 0$,

$\dot{x}_C = +\dfrac{\hat{P}}{m}$, $\qquad \dot{y}_C = +\hat{P}\dfrac{r^2}{\widehat{m}}$;

b) $T = \dfrac{1}{2}\hat{P}^2\left(\dfrac{1}{m} + \dfrac{r^2}{\widehat{m}}\right)$.

13. Ein homogener starrer Balken (l, m) ist in seinem Schwerpunkt S frei drehbar unterstützt (Skizze). Er dreht sich in der Zeichenebene um S mit der Winkelgeschwindigkeit ω_0 und prallt mit dem Ende B gegen den Anschlag C. Das Stabende B soll unmittelbar nach dem Stoß noch am Anschlag C haften („plastischer Stoß").

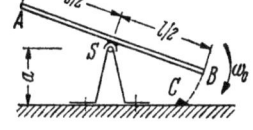

Man bestimme den Geschwindigkeitsvektor $\mathfrak{v}_A$ des Stabendes A unmittelbar nach dem Stoß (Betrag v_A und Winkel α_A gegen die Vertikale).

Lösung:

$$v_A = \frac{1}{4} l\omega_0, \quad \alpha_A = \arcsin\frac{2a}{l}.$$

14. Ein Stab AB (Länge l), der durch einen Faden OA (Länge $l/2$) mit O verbunden ist, dreht sich auf einer glatten horizontalen Ebene um die vertikale Achse durch O mit der konstanten Winkelgeschwindigkeit ω.

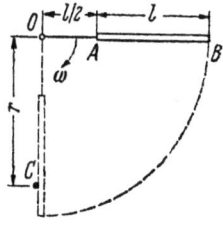

In welchem Abstand r von O muß man in der Ebene einen Stift C befestigen, damit der Stab nach einem plastischen Stoß mit C vollständig zur Ruhe kommt?

Lösung:

$$r = l\left(1 + \frac{\widehat{m}}{m\,l^2}\right) = \frac{13}{12}\,l.$$

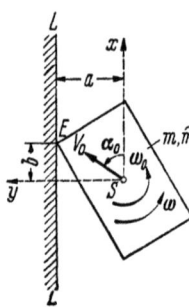

15. Ein Kraftwagen (Masse m, Drehmasse $\widehat{m}$ um die vertikale Schwerachse) kommt ins Schleudern und stößt gegen eine Leitplanke L–L. Der Stoß sei senkrecht zur Leitplanke vollplastisch; in Leitplankenrichtung trete keine Stoßkraft auf (Leitplanke glatt). Vor dem Stoß hat der Schwerpunkt S des Wagens die Geschwindigkeit v_0, die den Winkel α_0 mit der x-Achse einschließt. Außerdem dreht sich der Wagen mit der Winkelgeschwindigkeit ω_0. Die Koordinaten des Stoßpunktes E seien a, b.

a) Wie groß ist die Komponente $\dot{x}$ der Schwerpunktsgeschwindigkeit nach dem Stoß?

b) Wie groß sind die Komponente $\dot{y}$ der Schwerpunktsgeschwindigkeit und die Winkelgeschwindigkeit ω nach dem Stoß?

Lösung:

a) $\dot{x} = v_0 \cos\alpha_0$;

b) $\dot{y} = b\,\dfrac{m\,b\,v_0 \sin\alpha_0 - \widehat{m}\,\omega_0}{m\,b^2 + \widehat{m}}$, $\quad \omega = -\dfrac{\dot{y}}{b}$.

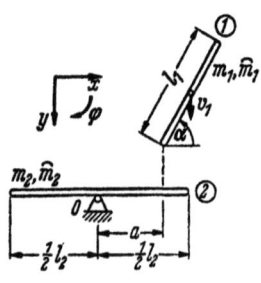

16. Eine Stange ①, die unter dem Winkel α gegen die Horizontale geneigt ist, fällt (ohne zu rotieren) senkrecht nach unten. Sie stößt mit der Geschwindigkeit v_1 auf eine in O drehbar gelagerte horizontal ruhende Stange ②. Die Stange ② ist glatt, der Stoß elastisch.

a) Wie groß sind die Komponenten $\dot{x}_1$, $\dot{y}_1$ der Schwerpunktsgeschwindigkeit der Stange ① nach dem Stoß?

b) Wie groß sind die Drehgeschwindigkeiten $\dot{\varphi}_1$ und $\dot{\varphi}_2$ nach dem Stoß?

Lösung:

a) $\dot{x}_1 = 0$,

$$\dot{y}_1 = v_1\,\frac{1 + \dfrac{\widehat{m}_2}{\widehat{m}_1}\left(\dfrac{l_1}{2a}\cos\alpha\right)^2 - \dfrac{\widehat{m}_2}{m_1 a^2}}{1 + \dfrac{\widehat{m}_2}{\widehat{m}_1}\left(\dfrac{l_1}{2a}\cos\alpha\right)^2 + \dfrac{\widehat{m}_2}{m_1 a^2}};$$

b) $\dot{\varphi}_1, \dot{\varphi}_2$ aus

$$\dot{\varphi}_1 = \frac{m_1 \dfrac{l_1}{2}\cos\alpha}{\widehat{m}_1}(v_1 - \dot{y}_1),\quad \dot{\varphi}_2 = \frac{m_1 a}{\widehat{m}_2}(v_1 - \dot{y}_1).$$

Anhang I

Der Punkthaufen

§ 22. Kräfte-, Momenten- und Arbeitssatz

Sind mehrere Massenpunkte — ein Punkthaufen — durch innere Kräfte miteinander verbunden (z. B. dergestalt, daß sie einen starren Körper bilden), so gelangt man durch Summation der für jede einzelne Masse geltenden Kraftgleichungen zum *Kräftesatz* für den nichtpunktförmigen Körper. Für die 3 Massen Fig. 22/1 gilt z. B.

$$(m_1 \mathfrak{v}_1)^\cdot = \mathfrak{K}_1 + \mathfrak{K}_{12} + \mathfrak{K}_{13},$$
$$(m_2 \mathfrak{v}_2)^\cdot = \mathfrak{K}_2 + \mathfrak{K}_{23} + \mathfrak{K}_{21}, \qquad (22.1)$$
$$(m_3 \mathfrak{v}_3)^\cdot = \mathfrak{K}_3 + \mathfrak{K}_{31} + \mathfrak{K}_{32},$$
$$\sum_{i=1}^{3} (m_i \mathfrak{v}_i)^\cdot = \sum_{i=1}^{3} \mathfrak{K}_i.$$

An dieser Gleichung ist zweierlei bemerkenswert: Die Summe der Impulsableitungen hängt nur ab von der Resultierenden der *äußeren* Kräfte, denn die inneren heben sich wegen Actio = Reactio ($\mathfrak{K}_{\nu\mu} = -\mathfrak{K}_{\mu\nu}$) bei der Addition heraus. Und bei zeitlich unveränderlichen Massen kann man aus

$$x_s \sum m_i = \sum m_i x_i, \quad y_s \sum m_i = \sum m_i y_i, \quad \text{d. h.} \quad \mathfrak{r}_s \sum m_i = \sum m_i \mathfrak{r}_i$$

durch Differentiation nach der Zeit folgern:

$$\sum m_i \mathfrak{v}_i = m \mathfrak{v}_s \quad \text{mit} \quad m = \sum m_i.$$

Für $\sum (m_i \mathfrak{v}_i)^\cdot$ kann man daher $(m \mathfrak{v}_s)^\cdot$ schreiben und mit

wird aus (22.1)
$$\left. \begin{array}{c} m \mathfrak{v}_s \equiv \mathfrak{J} \\ \dot{\mathfrak{J}} = \sum_i \mathfrak{K}_i \\ \text{Ableitung des Gesamtimpulses = Summe der äußeren Kräfte.} \end{array} \right\} \qquad (22.2)$$

Da $\mathfrak{v}_s$ die Geschwindigkeit des Schwerpunktes ist, wird (22.2), der Kräftesatz für den Körper, oft auch der Schwerpunktsatz genannt.

Die Resultierende $\mathfrak{R} = \sum_i \mathfrak{K}_i$ der äußeren Kräfte, die die Beschleunigung des Schwerpunktes S bestimmt, braucht keineswegs durch S zu gehen. Allerdings ist eine Exzentrizität des Kraftangriffs nicht belanglos: Sie ändert $\mathfrak{J}$ nicht, aber sie bewirkt zusätzlich eine Drehung des Punkthaufens (Körpers) um S, deren Größe festgelegt wird durch den *Momentensatz*. Der Momentensatz für den Körper

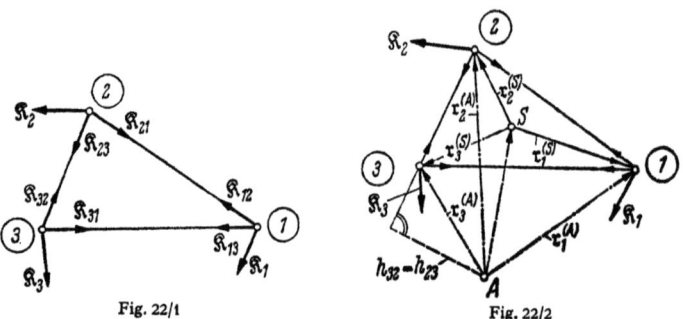

Fig. 22/1   Fig. 22/2

ergibt sich, wenn wir in (22.1) beide Seiten vektoriell mit $\mathfrak{r}_i^{(A)}$ multiplizieren, d. h. die Momente bezüglich eines Punktes A bilden (Fig. 22/2). Es gilt

$$\mathfrak{r}_i^{(A)} \times (m_i \mathfrak{v}_i)^{\boldsymbol{\cdot}} = \mathfrak{r}_i^{(A)} \times \left[\mathfrak{K}_i + \sum_k \mathfrak{K}_{ik}\right].$$

Wenn zwischen den Massenpunkten nur „Normal"-Kräfte wirken (Fig. 22/2), fallen beim Aufsummieren wieder die inneren Kräfte heraus, weil zwar nicht die Vektoren $\mathfrak{r}_i$ selbst, wohl aber die in die Vektormultiplikation eingehenden Hebelarme für $\mathfrak{K}_{ik}$ und $\mathfrak{K}_{ki}$ dieselben sind, unabhängig davon, wie sich die Punkte (gegeneinander) bewegen mögen:

$$h_{ik} = h_{ki}.$$

Es ist daher

$$\sum \mathfrak{r}_i^{(A)} \times (m_i \mathfrak{v}_i)^{\boldsymbol{\cdot}} = \sum \mathfrak{r}_i^{(A)} \times \mathfrak{K}_i \equiv \sum_i \mathfrak{M}_i^{(A)}. \tag{22.3}$$

Bevor wir — ähnlich wie beim Kräftesatz — links umformen, eine Bemerkung zur *rechten Seite* dieser Gleichung: Wenn es sich bei dem „Punkthaufen" um ein Kontinuum handelt, zwischen dessen Elementen auch Schubspannungen wirken, ist der Wegfall der inneren Kräfte keine *Folge* des Wechselwirkungsprinzips. Man muß dann noch fordern, daß das resultierende (statische) Moment der Schubspannungen am Element verschwindet, d. h., man muß als *Axiom* hinzunehmen, daß die zugeordneten Schubspannungen τ_{xy} und τ_{yx} usw. [s. TM II, Gl. (20.4)] einander gleich sind*.

---

*HAMEL, Elementare Mechanik Nr. 207, nennt es das BOLTZMANNsche Axiom. Natürlich könnte man auch den Momentensatz der Kinetik als neues Axiom neben dem Kräftesatz einführen, d. h. (22.3) ohne Herleitung in Analogie zu (22.2) fordern.

§ 22. Kräfte-, Momenten- und Arbeitssatz

Die *linke Seite* von (22.3) läßt sich als Impulsableitung deuten in zwei Fällen:

a) Der Bezugspunkt ist ein raumfester Punkt — er heiße O. Dann ist $\mathfrak{v}_i = \dot{\mathfrak{r}}_i^{(0)}$, denn $\mathfrak{v}_i$ ist als Absolutgeschwindigkeit des Punktes i die Ableitung des von einem festen Punkt aus gezählten Ortsvektors. Wegen $\dot{\mathfrak{r}}_i^{(0)} \times \mathfrak{v}_i = 0$ kann man daher anstelle von $\mathfrak{r}_i^{(0)} \times (m_i\,\mathfrak{v}_i)^{\boldsymbol{\cdot}}$, schreiben $(\mathfrak{r}_i^{(0)} \times m_i\,\mathfrak{v}_i)^{\boldsymbol{\cdot}}$ und der Momentensatz erhält die übersichtliche Form

worin
$$\dot{\mathfrak{D}}^{(0)} = \sum_i \mathfrak{M}_i^{(0)},$$
$$\mathfrak{D}^{(0)} = \sum_i \mathfrak{r}_i^{(0)} \times (m_i\,\mathfrak{v}_i) \quad (22.4)$$

das resultierende Impulsmoment ist.

b) Bezugspunkt ist der körperfeste Punkt S, der Schwerpunkt. Dann ist $\mathfrak{v}_i = \mathfrak{v}_s + \dot{\mathfrak{r}}_i^{(s)}$, worin $\dot{\mathfrak{r}}_i^{(s)}$ die Geschwindigkeit relativ zum Schwerpunkt ist, und die linke Seite von Gl. (22.3) spaltet sich auf in

$$\sum_i \mathfrak{r}_i^{(s)} \times (m_i\,\mathfrak{v}_s)^{\boldsymbol{\cdot}} + \sum_i \mathfrak{r}_i^{(s)} \times (m_i\,\dot{\mathfrak{r}}_i^{(s)})^{\boldsymbol{\cdot}}.$$

Für die zweite Summe kann man schreiben

$$\dot{\mathfrak{D}}^{(s)} \quad \text{mit} \quad \mathfrak{D}^{(s)} = \sum_i \mathfrak{r}_i^{(s)} \times m_i\,\dot{\mathfrak{r}}_i^{(s)},$$

aus der ersten Summe kann man $\dot{\mathfrak{v}}_s$ herausziehen:

$$\left(\sum_i m_i\,\mathfrak{r}_i^{(s)}\right) \times \dot{\mathfrak{v}}_s \quad (m_i = \text{const}).$$

Nun definiert aber $\sum m_i\,\mathfrak{r}_i^{(s)} = 0$ den Schwerpunkt, d. h. die Klammer verschwindet. Es gilt also (*nur für den Schwerpunkt*, nicht für einen beliebigen bewegten Punkt)

$$\dot{\mathfrak{D}}^{(s)} = \sum_i \mathfrak{M}_i^{(s)}. \quad (22.5)$$

$\mathfrak{D}^{(s)}$, das Impulsmoment bezogen auf den Schwerpunkt, ist eine Summe von Impulspaaren; wir nennen $\mathfrak{D}^{(s)}$ Drall oder Drehimpuls.

Für den *starren* Körper läßt sich die linke Seite von (22.5) noch weiter umformen; die Bewegung des einzelnen Punktes relativ zum Schwerpunkt besteht in einer Drehung um diesen Punkt; vektoriell geschrieben

$$\dot{\mathfrak{r}}_i^{(s)} = \mathfrak{o} \times \mathfrak{r}_i^{(s)},$$

worin $\mathfrak{o}$ die vektorielle Winkelgeschwindigkeit des Körpers bezeichnet. Für den starren Körper ist also

mit
$$\dot{\mathfrak{D}}^{(s)} = \sum_i \mathfrak{M}_i^{(s)}$$
$$\mathfrak{D}^{(s)} = \sum_i \mathfrak{r}_i^{(s)} \times (m_i\,\mathfrak{o} \times \mathfrak{r}_i^{(s)}), \quad (22.5')$$

eine Formel, die den Ausgangspunkt bildet für die Theorie des Kreisels. Wenn der raumfeste Bezugspunkt zugleich körperfest ist [Drehung des starren Körpers um einen raumfesten Punkt], läßt sich auch in (22.4) der Vektor der Winkelgeschwindigkeit einführen: $v_i = \mathfrak{o} \times \mathfrak{r}_i^{(0)}$, d. h. dann hat man

$$\mathfrak{D}^{(0)} = \sum \mathfrak{r}_i^{(0)} \times (m_i \, \mathfrak{o} \times \mathfrak{r}_i^{(0)}), \tag{22.4'}$$

die Ausgangsgleichung für die Theorie des Kreisels, der außerhalb des Schwerpunktes gelagert ist.

Die Kreiselgleichungen lassen sich nur mit Hilfe des Trägheitstensors (s. § 16) weiter umformen. Wir betrachten daher hier nur den Sonderfall der ebenen Bewegung. Wenn sich der starre Körper um eine Achse O dreht, die ihre Richtung im Raum beibehält, so ist der Ausdruck (22.4') [oder (22.5')] leicht zu deuten. Die zu $\mathfrak{o}$ senkrechten Ebenen haben eine und dieselbe Winkelgeschwindigkeit $\omega = |\mathfrak{o}|$, und wenn wir $\mathfrak{r}_i$ *in jeder Ebene* von der Drehachse aus messen, so folgt aus $\mathfrak{v}_i = \mathfrak{o} \times \mathfrak{r}_i$

$$v_i = \omega \, r_i$$

mit $r_i = |\mathfrak{r}_i|$. Der Vektor $\mathfrak{v}_i$ steht senkrecht auf $\mathfrak{r}_i$, so daß das Impulsmoment den Betrag $m_i v_i r_i$ hat, und senkrecht steht auf $\mathfrak{r}_i$ und $\mathfrak{v}_i$, d. h. auf der Ebene der Bewegung. Es steht also auch der Summenvektor $\mathfrak{D}$ senkrecht auf der Bewegungsebene, und da dasselbe für das Moment der ebenen Kräftegruppe gilt, so können wir den Momentensatz skalar schreiben in der Form

$$\dot{D}^{(0)} = \sum M_i^{(0)} \quad \text{mit} \quad D^{(0)} = \sum r_i \, m_i \, \omega \, r_i. \tag{22.6}$$

Zieht man ω vor die Summe, so wird

$$D^{(0)} = \omega \, \widehat{m}^{(0)} \quad \text{mit} \quad \widehat{m}^{(0)} = \sum m_i \, r_i^2 \quad \text{(Drehmasse),} \tag{22.6'}$$

womit der Anschluß hergestellt ist an die Gl. (12.2).

Es liegt nahe, nach der vektoriellen auch noch eine skalare Multiplikation an den Gln. (22.1) vorzunehmen, d. h. zu fragen, wie der *Arbeitssatz* für den Punkthaufen aussieht. Multiplizieren wir jede Gl. (22.1) skalar mit einer infinitesimalen Verrückung $\delta \mathfrak{r}_i$ so ergibt die Addition

$$\sum_i (m_i \, \mathfrak{v}_i)^{\cdot} \cdot \delta \mathfrak{r}_i = \sum_i \mathfrak{K}_i \cdot \delta \mathfrak{r}_i + \sum_i \sum_{\substack{k \\ k \neq i}} \mathfrak{K}_{ik} \cdot \delta \mathfrak{r}_i. \tag{22.7}$$

Links steht für $m_i = \text{const}$ die Änderung der kinetischen Energie [s. § 9]

$$\delta T \equiv \delta \sum_i \frac{m_i}{2} \, \mathfrak{v}_i^2 = \delta \sum_i \frac{m_i}{2} \, v_i^2,$$

rechts die Arbeit der Kräfte. Aber die inneren Kräfte fallen nur heraus, wenn der Körper starr ist (was Kräfte- und Momentensatz nicht vor-

§ 22. Kräfte-, Momenten- und Arbeitssatz

aussetzen). In der Tat: Fassen wir je 2 Kräfte $\mathfrak{K}_{ik}$ und $\mathfrak{K}_{ki}$ zusammen, so entstehen Ausdrücke von der Form

$$\mathfrak{K}_{ik} \cdot (\delta \mathfrak{r}_i - \delta \mathfrak{r}_k),$$

wofür wir schreiben können

$$K_{ik}(\delta s_i - \delta s_k), \qquad (22.8)$$

wenn wir mit $\delta s_{i,k}$ die $\delta \mathfrak{r}_{i,k}$-Komponenten in Richtung der Wechselkraft K_{ik} bezeichnen. $(\delta s_k - \delta s_i)$ ist aber, wie Fig. 22/3 zeigt, die Abstandvergrößerung zwischen den Punkten k und i. Sie ist Null für den *starren Körper*, für den also, wie für den Punktkörper, gilt

$$\delta T = \delta A, \qquad (22.7')$$

worin A die Arbeit der *äußeren* Kräfte ist.

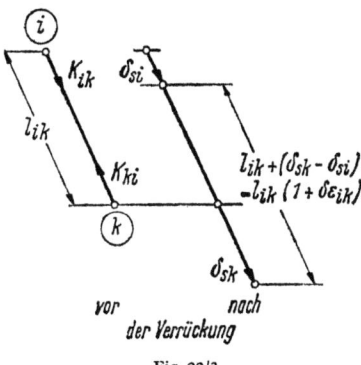

Fig. 22/3

Deformiert sich der Punkthaufen, so wird innere Arbeit geleistet. Nennen wir den ursprünglichen Abstand zweier Punkte l_{ik}, so ist nach Fig. 22/3

$$\frac{\delta s_k - \delta s_i}{l_{ik}} \equiv \delta \varepsilon_{ik}$$

der bezogene Längenzuwachs, und der Arbeitsbeitrag (22.8) wird

$$-K_{ik} l_{ik} \delta \varepsilon_{ik}.$$

Im Kontinuum (Abstand der Punkte $\to 0$) entstehen daraus, wie wir hier nicht beweisen wollen, die bekannten Ausdrücke vom Typ $-(\sigma_x \delta \varepsilon_x) dV$ usw. [II, § 11].

Der elastische Körper speichert die innere Arbeit als Formänderungsenergie. Nennen wir

$$\delta \Pi_{in} = + \int [\sigma_x \delta \varepsilon_x + \cdots] dV, \qquad (22.8')$$

so geht Gl. (22.7) über in

$$\delta T + \delta \Pi_{in} = \delta A. \qquad (22.9)$$

Haben auch die äußeren Kräfte ein Potential U, so wird daraus

$$\delta T + \delta U + \delta \Pi_{in} = 0, \qquad (22.9')$$

d. h. die Summe dreier Energiearten ist unveränderlich:

$$T + U + \Pi_{in} = \text{const.} \qquad (22.9'')$$

(22.9) ist der Energiesatz für den Körper, der zugleich *bewegt* und *elastisch verformt* wird. Besteht ein Gebilde aus starren Körpern, die starr oder ideal-gelenkig miteinander verbunden sind, so fällt $\delta \Pi_{in}$ weg. Interessiert bei elastischen oder teilelastischen Gebilden nur die Bewegung um eine Gleichgewichtslage (Schwingungen), so fällt δA weg; es ist dann

$$T + \Pi_{in} = \text{const.}$$

Die Gl. (6.2″) ist davon ein Sonderfall insofern, als dort jede Energie „ihrem" Gebilde zugeordnet war, T der Masse, Π_{in} der Feder; die hier gewonnenen Energiegleichungen aber gelten für Gebilde, bei denen jedes Massenelement sich sowohl bewegen wie verformen kann. (Ausbreitung elastischer Wellen z. B.)

Anhang II

Schwingungen

Die Schwingungslehre hat sich als ein besonders wichtiges Anwendungsgebiet der Kinetik schon lange zu einem selbständigen Lehrgegenstand entwickelt. Immerhin gehören wenigstens die Grundgedanken der Schwingungstheorie in die Kinetik; aber es ist sinnvoll, sie aus dem Hauptteil herauszunehmen, soweit sie weniger für die Kinetik allgemein kennzeichnend sind, als für die spezielle Fragestellung der Schwingungstechnik.

§ 23. Ein Freiheitsgrad: Freie Schwingungen (Kinematik, Elastostatik, Schwerefeld)

a) Kinematik: Periode, Kreisfrequenz, Zeigerdiagramm. Kinematisch gesehen ist jede mechanische Bewegung, bei der gewisse Merkmale ständig wiederkehren, eine Schwingung. Kehren die Merkmale regelmäßig wieder, so nennt man die Schwingung periodisch. Ein Sonderfall der periodischen ist die harmonische Schwingung

$$x_1 = A_1 \cos \omega t \quad \text{oder} \quad x_2 = A_2 \sin \omega t. \tag{23.1}$$

$A_{1,2}$ nennt man die Amplitude der Schwingung, ω die Kreisfrequenz. Aus

$$\cos \omega t = \cos(\omega t + 2\pi) = \cos \omega (t + T), \quad \sin \omega t = \sin \omega (t + T)$$

ergibt sich für die Wiederkehrzeit T, die sog. Periode,

$$\omega T = 2\pi \quad \text{oder} \quad T = \frac{2\pi}{\omega}. \tag{23.2}$$

§ 23. Ein Freiheitsgrad: Freie Schwingungen

Reziproke der Periode, die Häufigkeit mit der die Schwingung sich in der Sekunde (z. B.) wiederholt, ist die Frequenz (gewöhnlich in Hertz angegeben)

$$f = \frac{1}{T} = \frac{\omega}{2\pi}. \tag{23.2'}$$

ω, das auch die Dimension einer Frequenz hat, heißt die Kreisfrequenz wegen der Zuordnung, die zwischen der Sinusbewegung und der „erzeugenden" Kreisbewegung besteht. Fig. 23/1 zeigt diese Zuordnung für die 3 Funktionen

$A \sin \omega t,$

$A \sin (\omega t + \alpha), A \cos \omega t.$

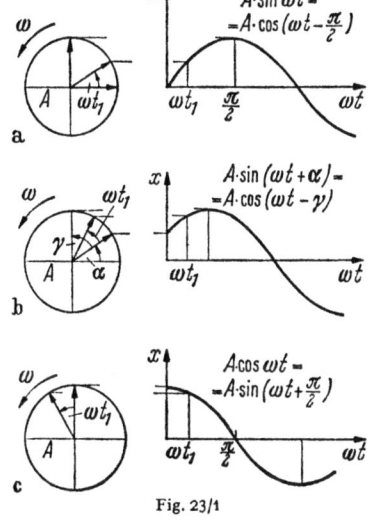

Die Projektion der mit der konstanten Winkelgeschwindigkeit ω umlaufenden Zeigerspitze auf eine Gerade (auf und ab eines Leuchtpunktes) ist die Funktion $A \sin \omega t$ usw. Die Kurven ergeben sich mit Hilfe der angedeuteten waagerechten Linien, die die zugeordneten Punkte auf Kreis und Kurve verbinden. (Auf einem hinter dem Leuchtpunkt mit gleichmäßiger Geschwindigkeit vorbeiwandernden Meßstreifen würden genau $\sin \omega t$ usw. markiert werden.)

Fig. 23/1

Zwei (oder mehrere) harmonische Schwingungen gleicher Frequenz können zu einer zusammengezogen werden. Setzen wir (Fig. 23/2) an:

$$A_1 \cos (\omega t - \varphi_1) + A_2 \cos (\omega t - \varphi_2) = A \cos (\omega t - \gamma), \tag{23.3a}$$

mit den „Phasenwinkeln" φ_i und γ gegen die Vertikale, so folgt aus dem Additionstheorem für den cosinus

$(A_1 \cos \varphi_1 + A_2 \cos \varphi_2 - A \cos \gamma) \cos \omega t +$

$\quad + (A_1 \sin \varphi_1 + A_2 \sin \varphi_2 - A \sin \gamma) \sin \omega t = 0.$

Das ist für alle Zeiten t erfüllt, wenn jede der Klammern für sich Null wird, d. h., wenn

$$\left.\begin{aligned} A &= \sqrt{A_1^2 + A_2^2 + 2 A_1 A_2 \cos(\varphi_1 - \varphi_2)}, \\ \tan \gamma &= \frac{A_1 \sin \varphi_1 + A_2 \sin \varphi_2}{A_1 \cos \varphi_1 + A_2 \cos \varphi_2} \end{aligned}\right\} \tag{23.3b}$$

ist. Diese Beziehungen (Klammern = 0) kann man auch, und sehr viel einfacher, dem Zeigerdiagramm Fig. 23/2a entnehmen, wo sich die

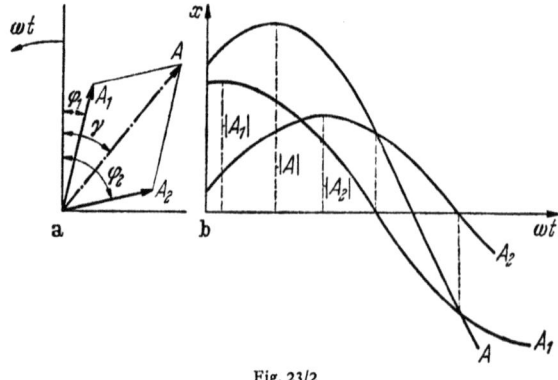

Fig. 23/2

Schwingung mit der Amplitude A und dem Phasenwinkel γ als die *Vektorsumme* der beiden anderen Schwingungen ergibt.

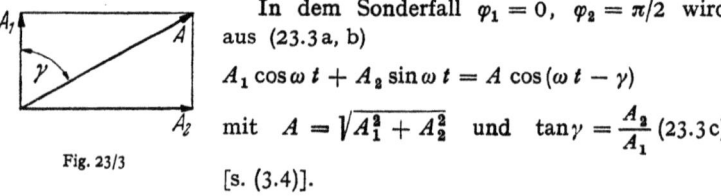

Fig. 23/3

In dem Sonderfall $\varphi_1 = 0$, $\varphi_2 = \pi/2$ wird aus (23.3 a, b)

$$A_1 \cos \omega t + A_2 \sin \omega t = A \cos(\omega t - \gamma)$$

mit $A = \sqrt{A_1^2 + A_2^2}$ und $\tan \gamma = \dfrac{A_2}{A_1}$ (23.3 c)

[s. (3.4)].

Die besondere Art von Vektorrechnung, die durch das Zeigerdiagramm nahegelegt wird, wird in der Mathematik als das „Rechnen mit komplexen Zahlen" bezeichnet. Dieser Kalkül wird besonders wichtig, sobald man Schwingungen mit Dämpfung betrachtet.

b) Zur Elastostatik des Schwingers. In § 3 haben wir schon festgestellt, daß die Bestimmung der in der Schwingungsgleichung $m\ddot{x} + cx = 0$ auftretenden Federsteifigkeit c eine Aufgabe der Elastostatik ist. Für den Dehn- und den Biegestab haben wir dort c und seine Reziproke, die Federnachgiebigkeit h angegeben. Wir betrachten einige weitere Beispiele:

1. Gespanntes Seil. Ein mit der Kraft S gespanntes Seil (Fig. 23/4a) wird durch eine Kraft $P \ll S$ um den Betrag $x \ll l$ senkrecht zu AB ausgelenkt. $\sum X = 0$ für den Kraftangriffspunkt liefert, wenn sich S infolge der Auslenkung nicht ändert

$$P = S \frac{x}{a} + S \frac{x}{b},$$

also ist

$$c = S\left(\frac{1}{a} + \frac{1}{b}\right) \quad \text{und} \quad h = \frac{1}{S} \frac{ab}{a+b}. \qquad (23.4\,\text{a})$$

2. Rechtwinkelträger. Der bei B eingespannte, bei A eine Masse tragende Rahmen Fig. 23/4b ist ein Schwinger mit hintereinander-

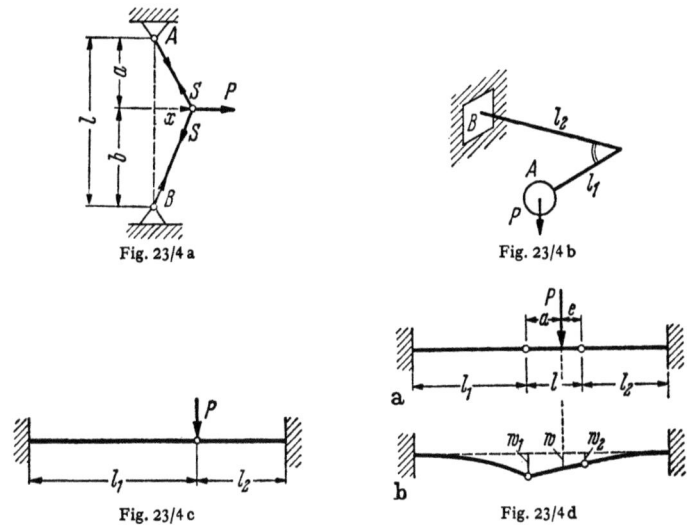

Fig. 23/4a Fig. 23/4b

Fig. 23/4c Fig. 23/4d

geschalteten Federn. Biegung des Stabes 1, Biegung des Stabes 2 und Torsion des Stabes 2 $[\vartheta_2 = M_{T_2} \cdot l_2/GI_{T_2}]$ addieren sich zu*

$$h = h_1^B + h_2^B + h_2^T$$

mit $\begin{cases} h_1^B = l_1^3/3EI_1, \\ h_2^B = l_2^3/3EI_2, \end{cases}$ und $h_2^T = ((l_1)\, l_2/GI_{T_2})\, l_1.$ (23.4b)

3. Ein Beispiel für parallel wirkende Federn stellt Fig. 23/4c dar; es ist*

$$c = \frac{3EI_1}{l_1^3} + \frac{3EI_2}{l_2^3}. \qquad (23.4\text{c})$$

4. Ganz anders ist das Zusammenwirken der *drei Träger* Fig. 23/4d, die weder hintereinander noch parallel geschaltet sind. Da das System statisch bestimmt ist (4 Auflager, 2 Gelenke), wird man die Durchsenkung infolge einer Kraft 1, d. h. die Nachgiebigkeit h, berechnen. Betrachten wir den Mittelbalken *zunächst* als starr ($1/EI = 0$), so folgt aus dem Strahlensatz und dem Elastizitätsgesetz für die Träger $1, 2$

$$w = w_1 \frac{e}{l} + w_2 \frac{a}{l},$$

mit

$$w_1 = P_1 \frac{l_1^3}{3EI_1}, \quad w_2 = P_2 \frac{l_2^3}{3EI_2}.$$

---

* Wir schreiben EI_1 statt E_1I_1 usw.

Die Teillasten $P_{1,2}$ ergeben sich aus dem Hebelsatz für den Mittelbalken

$$P_1 = P\frac{e}{l}, \quad P_2 = P\frac{a}{l},$$

so daß also

$$w = P\left[\frac{l_1^3}{3EI_1}\left(\frac{e}{l}\right)^2 + \frac{l_2^3}{3EI_2}\left(\frac{a}{l}\right)^2\right]$$

wird. Der Durchsenkung w überlagert sich die Eigendurchbiegung f des Mittelbalkens, den wir zunächst als starr betrachtet hatten; nach II, (9.6') gilt (mit $w_{a,a} \equiv f$)

$$f = \frac{P\,a^2\,e^2}{3EI\,l}.$$

Insgesamt ergibt sich also

$$h = \frac{l_1^3}{3EI_1}\left(\frac{e}{l}\right)^2 + \frac{l_2^3}{3EI_2}\left(\frac{a}{l}\right)^2 + \frac{a^2\,e^2}{3EI\,l}. \tag{23.4d}$$

Die Formel hat Ähnlichkeit mit Gl. (23.4b); aber die Hebelarmverhältnisse a/l, e/l greifen wesentlich ein; nur das dritte Glied repräsentiert eine echt in Reihe geschaltete Feder.

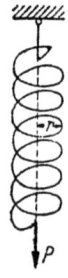

Fig. 23/5

Sehr viel unangenehmer wird die Berechnung von h naturgemäß bei statisch unbestimmten Systemen. Wie man dort vorzugehen hat haben wir in II, § 10 und 12 geschildert, so daß wir nur noch ein — allerdings besonders wichtiges — Beispiel hier erörtern wollen.

5. *Die Schraubenfeder.* Fig. 23/5 stellt eine Schraubenfeder dar, belastet durch Längszug. Die exakte Berechnung der Verlängerung ist nicht einfach, weil es sich um einen räumlich gekrümmten und verwundenen Stab handelt, bei dem Biegung und Torsion ineinander spielen. Eine (zulässige) Vereinfachung entsteht durch die Annahme einer geringen Ganghöhe — dann kann man eine Windung berechnen, als ob sie ein fast geschlossener *ebener* Kreisbogen wäre, belastet durch zwei entgegengesetzte Kräfte P (Fig. 23/6a), so daß wir auf die in II, § 19b unter β entwickelten Formeln zurückgreifen können. Die Kräfte P rufen in dem gekrümmten „Balken" nicht notwendig Biegemomente hervor, wie Fig. 23/6b zeigt; denn das Moment der beiden Kräfte ⊙ und ⊗ kann aufgenommen werden durch die Resultierende der beiden Torsionsdrehkräfte M_T [d. h. für $dM_z = 0$, II, (19.7)]:

$$-r\,d\varphi\,P = M_T\,d\varphi.$$

Aus P und r = const folgt M_T = const, und das ist mit den Endbedingungen am Ring (Fig. 23/6a) verträglich, wenn die Kräfte P nicht am Ring selbst, sondern über zwei starre Traversen* im Kreis-

---

* Die Nachgiebigkeit der Traversen *kann* man i. allg. vernachlässigen gegen die Nachgiebigkeit der Gesamtfeder.

§ 23. Ein Freiheitsgrad: Freie Schwingungen

mittelpunkt angreifen (Querkraft P + Torsionsmoment rP, Fig. 23/6c). Die Statik der Kraftübertragung ist also sehr einfach [Sonderfall der Gln. II (19.7′)]:

$$M_T = -rP. \qquad (23.5)$$

Weniger einfach ist die Verformungsgeometrie, denn wegen der Krümmung des Balkens ist die durch das Torsionsmoment entstehende

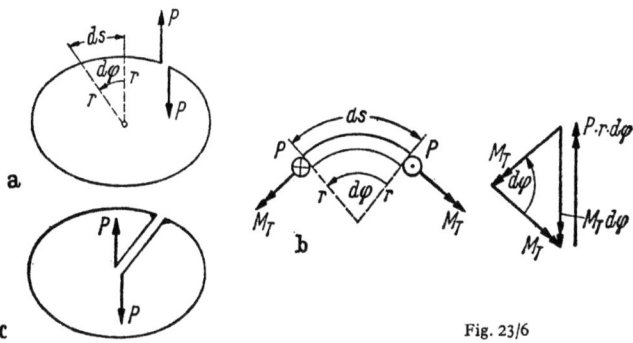

Fig. 23/6

elastische Verwindung $\varkappa_T$ nicht einfach die Ableitung des Drillwinkels $d\vartheta/ds$. Vielmehr gilt, wie wir in II (19.9) gezeigt haben,

$$\left. \begin{aligned} \varkappa_T &= \frac{d\vartheta}{ds} - \frac{1}{r}\,\psi_z, \\ \varkappa_z &= \frac{d\psi_z}{ds} + \frac{1}{r}\,\vartheta, \end{aligned} \right\} \quad [ds = r\,d\varphi], \qquad (23.6\text{a, b})$$

worin ψ_z die Querschnittsneigung ist um eine in der Ringebene gelegene Querschnittsachse, $\varkappa_z$ die Biegekrümmung*.

Wie beim geraden Balken ist dagegen (mit den Vorzeichen von II, 19)

$$\psi_z = \frac{dv}{ds}. \qquad (23.6\text{c})$$

Die vertikale Klaffung v_0 der beiden Kraftangriffspunkte wird daher

$$v_0 = \int \psi_z\,ds = r\int_0^{2\pi} \psi_z\,d\varphi. \qquad (23.6')$$

Wenn man nun in (23.6) $\varkappa_T = M_T/GI_T$, $\varkappa_z = M_z/EI = 0$ einsetzt, ϑ und ψ_z ausrechnet** und in (23.6′) einführt, so ergibt sich

$$v_0 = -r^2\,\frac{M_T}{GI_T}\,2\pi.$$

---

* Vgl. dazu z. B. BIEZENO-GRAMMEL, Techn. Dynamik 2. Aufl., V, 14 (3). In den meisten Mechanikbüchern, auch in B.-G. 1. Auf. wird fälschlich $\varkappa_T = \vartheta'$ gesetzt.
** $\vartheta = A\cos\varphi + B\sin\varphi$, $\psi_z = -r\varkappa_T - A\sin\varphi + B\cos\varphi$.

Wegen (23.5) ist damit die Federnachgiebigkeit einer Windung

$$h_{(1)} = \frac{v_0}{P} = \frac{2\pi r^3}{G I_T}.$$

Sind n Windungen hintereinander geschaltet, so wird

$$h_{(n)} = h = \frac{2\pi n r^3}{G I_T}. \qquad (23.7)$$

Im Sonderfall des Runddrahtes (Durchmesser d) ist

$$I_T = I_p = \frac{\pi d^4}{32},$$

und damit

$$h = \frac{64 n r^3}{G d^4}, \quad c = \frac{G d^4}{64 n r^3}. \qquad (23.7')$$

c) **Schwingungen im Schwerefeld.** Wie in § 3 haben wir bisher als Rückstellkräfte nur Federkräfte in Betracht gezogen. Fast ebenso wichtig sind die vom *Erdfeld* ausgeübten Rückstellkräfte — wir haben den „Ur"-Schwinger im Schwerefeld, das Punktpendel, in § 8 kennengelernt. (Die Pendelmasse bewegt sich auf einer gekrümmten Bahn, und bei großen Winkeln ist die Rückstellkraft nicht mehr proportional dem Ausschlag.) Ein im Schwerefeld streng geradlinig sich bewegender Schwinger ist das im Wasser vertikal auf und ab schwingende Schiff. Rückstellkraft ist der Auftrieb ΔA, der infolge der sich ändernden Wasserverdrängung seinerseits veränderlich ist:

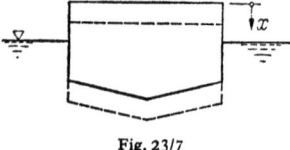

Fig. 23/7

$$\Delta A = \gamma_{\text{Wasser}} (\Delta V)_{\text{Wasser}} = \gamma_W x F.$$

F ist darin die Parallelfläche zur Deckfläche an der Wasserlinie; für kleine x kann F als Konstante angesehen werden. Vernachlässigt man die Kräfte, die zur Hin- und Herbewegung des Wassers erforderlich sind, so lautet die Schwingungsgleichung (m = Schiffsmasse):

$$m \ddot{x} + (\gamma_W F) x = 0, \qquad (23.8)$$

d. h. $\gamma_W F$ übernimmt die Rolle der Federsteifigkeit.

Bei allen Schwingern im Schwerefeld kann der Ausdruck für ω^2 (hier = $\gamma_W F/m$) umgeschrieben werden mit Hilfe einer Längengröße, die man die reduzierte Pendellänge des betreffenden Schwingers nennt. Beim schwingenden Schiff ist das

$$l^* = \frac{V}{F}, \qquad (23.9)$$

worin V die Wasserverdrängung in der Ruhelage ist. In der Tat geht (23.9) wegen $\gamma_W V$ ($=$ Auftrieb) $= G$ des Schiffes über in

$$m \ddot{x} + \frac{G}{l^*} x = 0,$$

und mit $G = m g$ nimmt ω^2 die Form (14.2) an:

$$\omega^2 = \frac{g}{l^*}. \tag{23.9'}$$

§ 24. Ein Freiheitsgrad: Freie gedämpfte Schwingungen

Die freien ungedämpften Schwingungen einer Masse entstehen nach Gl. (3.1) durch das Wechselspiel von Trägheitskraft ($-m \ddot{x}$) und Federkraft $c x$; energetisch gesehen, durch das Auf und Ab von kinetischer Energie (in der Masse) und Formänderungsenergie (in der Feder). Mit der *Dämpfung* kommt eine dritte Kraft ins Spiel, eine Widerstandskraft R, die, wie die Erfahrung zeigt, von der Geschwindigkeit $\dot{x}$ abhängt. An die Stelle der Gl. (3.1) tritt

$$m \ddot{x} + c x = R(\dot{x}). \tag{24.1}$$

Energetisch gesehen gilt nicht mehr Gl. (6.2″), sondern die allgemeine Gl. (6.1′) mit $K = -c x + R$, d. h.

$$\frac{m}{2} v^2 + \frac{c}{2} x^2 = \frac{m}{2} v_0^2 + \frac{c}{2} x_0^2 + \int_0^t R \dot{x} \, d\tau \quad [\dot{x} \, d\tau = d x]. \tag{24.2}$$

Dabei ist — für Dämpfung — das Integral negativ, denn Reibungskraft und Geschwindigkeit haben [unabhängig davon, wie R vom Betrag der Geschwindigkeit abhängt] immer entgegengesetzte Zeichen. Die Gesamtenergie nimmt daher mit der Zeit ab; sie wird, wie man sagt, dissipiert*, und die Schwingung kommt nach einiger Zeit zur Ruhe ($x, v \to 0$).

Die Gl. (24.1) ist wie (3.1) mathematisch eine Differentialgleichung zweiter Ordnung. Sie zu lösen ist einfach oder schwierig, je nach der Form der Funktion $R(\dot{x})$. Das Experiment zeigt, daß 3 Gesetze die wirklichen Verhältnisse brauchbar annähern:

a) bei trockener Reibung [$|R| = \mu N$]

$$|R| = \text{const} = r_0,$$

b) bei Flüssigkeitsreibung (Schmiermittelreibung in einem engen Spalt) $\dot{x}$ klein

$$|R| = r \dot{x},$$

c) bei Luftreibung (Flüssigkeitsreibung in weiten Rohren) $\dot{x}$ groß

$$|R| = r_2 \dot{x}^2.$$

---

* Zum Beispiel in Wärme verwandelt.

Von diesen drei Gesetzen bereitet das zweite mathematisch weitaus am wenigsten Schwierigkeiten: (24.1) bleibt, wie (3.1), linear und die Vorzeichenumkehr von R, die das Produkt $R\,\dot x$ ständig negativ hält, stellt sich im Gegensatz zu a) und c) sozusagen automatisch ein: Mit

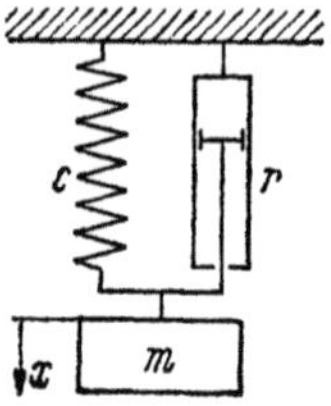

$$R = -r\,\dot x \qquad (24.3)$$

wird $R\,\dot x = -r\,\dot x^2$, d. h. stets negativ. Da sich nun zeigt, daß für „kleine" R das Schwingungsverhalten in den drei Fällen typisch dasselbe ist, beschränken wir uns hier auf den mathematisch einfachsten Ansatz, d. h. auf (24.3).

Fig. 24/1

Die Gleichung (s. Fig. 24/1)

$$m\,\ddot x + r\,\dot x + c\,x = 0, \qquad (24.4)$$

für die wir mit

$$\delta = \frac{r}{2m}, \qquad \omega^2 = \frac{c}{m} \qquad (24.4')$$

schreiben

$$\ddot x + 2\delta\,\dot x + \omega^2\,x = 0,$$

[ω ist die Kreisfrequenz des ungedämpften Schwingers] wird durch den Ansatz $x = e^{\lambda t}$ gelöst. Für den „charakteristischen" Exponenten λ ergibt sich eine quadratische Gleichung

$$\lambda^2 + 2\delta\lambda + \omega^2 = 0, \qquad (24.4'')$$

mit den Lösungen

$$\lambda_{\mathrm{I,II}} = -\delta \pm \sqrt{\delta^2 - \omega^2}.$$

Da für mechanische Schwingungen $\delta \ll \omega$ ist, wird die Wurzel imaginär, d. h. wir erhalten

$$\lambda_{\mathrm{I,II}} = -\delta \pm i\,\omega' \quad \text{mit} \quad \omega' = \sqrt{\omega^2 - \delta^2} = \omega\sqrt{1 - (\delta/\omega)^2}. \qquad (24.5)$$

Die allgemeine Lösung der Gl. (24.4) lautet daher

$$x = C_1\,e^{-\delta t}\,e^{i\omega' t} + C_2\,e^{-\delta t}\,e^{-i\omega' t}. \qquad (24.5')$$

Führen wir statt der komplexen Integrationskonstanten C_i durch

$$C_1 = \tfrac{1}{2}(A_1 - i\,A_2), \qquad C_2 = \tfrac{1}{2}(A_1 + i\,A_2)$$

reelle Konstanten A_i ein, so geht (24.5') wegen

$$e^{\pm i\omega' t} = \cos\omega' t \pm i\sin\omega' t$$

über in

$$x = e^{-\delta t}(A_1\cos\omega' t + A_2\sin\omega' t). \qquad (24.6)$$

Natürlich kann man den Umweg durchs Komplexe vermeiden, wenn man einen größeren Rechenaufwand in Kauf nimmt: Man „rät" dann den Ansatz (24.6) (mit zunächst offenen Koeffizienten δ und ω'), setzt

§ 24. Ein Freiheitsgrad: Freie gedämpfte Schwingungen

in (24.4) ein, indem man

$$\dot{x} = e^{-\delta t}[(A_2\omega' - A_1\delta)\cos\omega't - (A_1\omega' + A_2\delta)\sin\omega't],$$
$$\ddot{x} = e^{-\delta t}[\ldots \qquad \ldots] \qquad (24.6')$$

bildet, und erhält in Übereinstimmung mit (24.4′) und (24.5)

$$\delta = \frac{r}{2m}, \quad \omega' = \sqrt{\frac{c}{m} - \delta^2}.$$

(Der Leser führe diese Rechnung durch!)

Die Größe δ hat die Dimension 1/Zeit. Es ist zweckmäßig, als „Dämpfungsmaß" die dimensionslose Größe

$$D = \frac{\delta}{\omega} = \frac{r}{2\sqrt{mc}} \qquad (24.7)$$

einzuführen (r ins Verhältnis gesetzt zum geometrischen Mittel der Nachbarkoeffizienten). Ist D, wie in der Mechanik fast immer, eine kleine Zahl, so erhält man für die Schwingungsdauer (den Abstand zweier gleichsinniger Nulldurchgänge)

$$T' = \frac{2\pi}{\omega'} = \frac{2\pi}{\omega}\frac{1}{\sqrt{1-D^2}} \approx \frac{2\pi}{\omega} = T. \qquad (24.7')$$

Kleine Dämpfungen ändern also die Schwingungsdauer nicht, wohl aber die Amplitude: das (zeitunabhängige) Verhältnis zweier aufeinanderfolgender Größtausschläge gleichen Zeichens ist

$$\frac{A^{(i)}}{A^{(i+1)}} = e^{\delta T'} = e^{\frac{2\pi D}{\sqrt{1-D^2}}} \approx e^{2\pi D}.$$

Den Exponenten nennt man das logarithmische Dekrement ϑ; für kleine Dämpfung ist $\vartheta \approx 2\pi D$.

In der Lösung (24.6) der Gl. (24.4) ergeben sich δ und ω' aus den Koeffizienten der Differentialgleichung. A_1, A_2 sind die Integrationskonstanten die sich aus den *Anfangsbedingungen* bestimmen. Wegen (24.6) und (24.6′) ist

$$A_1 = x(0) \equiv x_0, \quad \omega'A_2 - \delta A_1 = \dot{x}(0) \equiv v_0,$$

d. h.

$$A_1 = x_0, \quad A_2 = \frac{1}{\omega'}(v_0 + x_0\delta) \approx \frac{v_0}{\omega} + Dx_0. \qquad (24.8)$$

In Fig. 24/2 ist für $v_0 = 0$ und den „kleinen" Wert $D = 0{,}2$ die Funktion $x(t)$ gezeichnet. Wegen $\omega' = \omega\sqrt{1-D^2} \approx \omega$, $\cos D \approx 1$, $\sin D \approx D$ geht (24.6), d. h.

$$\frac{x}{x_0} = e^{-D\omega t}\left(\cos\omega't + \frac{\omega}{\omega'}D\sin\omega't\right),$$

über in

$$\frac{x}{x_0} = e^{-D\omega t} \cos(\omega t - D):$$ (24.9)

Zwischen den Kurven $\pm e^{-D\omega t}$ pendelt ein ständig abnehmender cosinus.

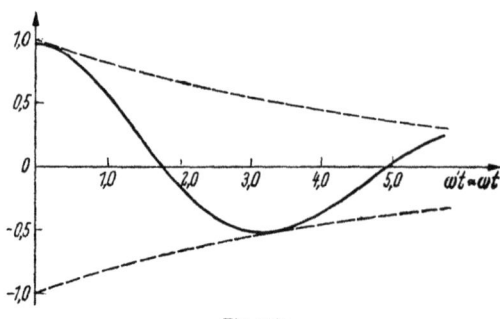

Fig. 24/2

§ 25. Ein Freiheitsgrad: Erzwungene Schwingungen

Wirkt auf die Masse, Fig. 25/1, außer der Feder- und der Dämpfungskraft noch eine ,,äußere" Kraft $p(t)$, so entstehen *erzwungene* Schwingungen. Wir wollen den besonderen Fall betrachten, daß die Erregung harmonisch ist:

$$p(t) = P \sin \Omega t.$$

Die Schwingungsgleichung lautet dann

$$m\ddot{x} + r\dot{x} + cx = P \sin \Omega t,$$ (25.1)

und wird gelöst durch den Ansatz

$$x = x_h + x_p.$$

Die Funktion $x_h(t)$ erfüllt die homogene (oder ,,verkürzte") Gl. (24.4). Sie enthält die beiden zur Anpassung an die Anfangsbedingungen notwendigen Integrationskonstanten. Die Funktion $x_p(t)$ ist eine partikulare (d. h. an Anfangsbedingungen nicht anpaßbare) Lösung der Differentialgleichung, die uns der ,,Gleichtaktansatz"

$$x_p = X \sin(\Omega t - \varepsilon),$$ (25.2)

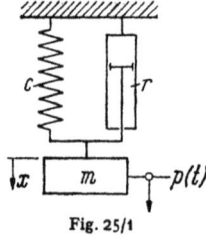

Fig. 25/1

verschafft. Die Form (25.2) läßt sich in der Tat leicht erraten: x_p muß der Erregung folgen, d. h.

§ 25. Ein Freiheitsgrad: Erzwungene Schwingungen

die Kreisfrequenz Ω enthalten, kann aber mit der Erregung nicht in Phase sein, weil beim Einsetzen links $\sin \Omega t$- *und* $\cos \Omega t$-Glieder entstehen. Mit (25.2) läßt sich (25.1) erfüllen, wenn X und ε geeignet bestimmt werden. Wir erhalten

$$-m \Omega^2 X \sin(\Omega t - \varepsilon) +$$
$$+ r \Omega X \cos(\Omega t - \varepsilon) +$$
$$+ c X \sin(\Omega t - \varepsilon) = P \sin \Omega t;$$

schreiben wir rechts

$$P \sin \Omega t = P \sin[(\Omega t - \varepsilon) + \varepsilon]$$
$$= P[\sin(\Omega t - \varepsilon) \cos \varepsilon +$$
$$+ \cos(\Omega t - \varepsilon) \sin \varepsilon],$$

so ergibt sich aus der Forderung, daß die Koeffizienten von $\genfrac{}{}{0pt}{}{\sin}{\cos}(\Omega t - \varepsilon)$ übereinstimmen müssen

$$X(c - m \Omega^2) = P \cos \varepsilon,$$
$$X \Omega r = P \sin \varepsilon,$$

d. h.
$$\tan \varepsilon = \frac{\Omega r}{c - m \Omega^2},$$

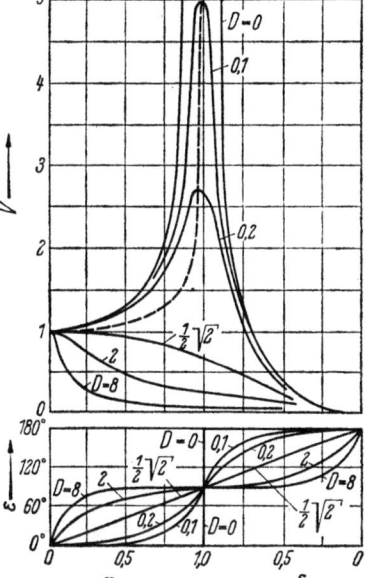

Fig. 25/2

$$X = \frac{P}{\sqrt{(c - m \Omega^2)^2 + (\Omega r)^2}}. \tag{25.3}$$

Die Ausdrücke werden übersichtlicher, wenn man durch

$$\frac{\Omega}{\omega} = \eta$$

eine auf die Eigenfrequenz des (dämpfungsfreien) Schwingers bezogene Erregerfrequenz einführt. Benutzt man außerdem die alte Abkürzung $r/\sqrt{m c} = 2D$, so wird

$$\left. \begin{aligned} \text{und} \quad & \tan \varepsilon = \frac{2D\eta}{1-\eta^2} \\ \text{mit} \quad & X = \frac{P}{c} \mathsf{V} \equiv X_{st} \mathsf{V} \\ & \mathsf{V}^2 = \frac{1}{(1-\eta^2)^2 + (2D\eta)^2}. \end{aligned} \right\} \tag{25.4}$$

Darin ist X_{st} die „statische Durchsenkung", die Auslenkung der Masse unter der statischen Last P, d. h. im Grenzfall $\Omega = 0$. V heißt die Vergrößerungsfunktion; sie ist in Fig. 25/2 zusammen mit $\tan \varepsilon$ als

Funktion von η mit D als Parameter dargestellt. Dabei ist von einer Auftragung der Abszisse Gebrauch gemacht, die sich aus zwei Gründen (nicht nur hier, sondern prinzipiell) empfiehlt. Wenn man für $\eta > 1$ nicht η selbst, sondern von rechts kommend $\xi = 1/\eta$ aufträgt, so (bleiben die Kurven mit ihren ersten Ableitungen an der „Stoßstelle" $\eta = 1$ stetig, und es) wird der unendliche Bereich $1 \ldots \eta \ldots \infty$ auf dieselbe Strecke zusammengedrängt, wie der Bereich $0 \ldots \eta \ldots 1$. Man kann also V und ε für alle η-Werte ablesen. Zugleich befreit diese Auftragung von der Willkür, die in der Definition der „Abstimmung" Ω/ω liegt: Da es ebenso sinnvoll sein kann, $\xi = \omega/\Omega$ als Parameter zu benutzen wie $\eta = \Omega/\omega$ (es kommt darauf an, welche der beiden Frequenzen als fest, welche als veränderbar anzusehen ist), ist dasjenige Diagramm das brauchbarste, das beide Deutungen ohne Mühe zuläßt. Die auf der rechten Hälfte des Diagramms gültige Funktion $V(\xi)$ ergibt sich aus (25.4) mit $\xi = 1/\eta$:

$$V^2(\xi) = \frac{1}{\left(1 - \frac{1}{\xi^2}\right)^2 + (2D/\xi)^2} = \frac{\xi^4}{(1-\xi^2)^2 + (2D\xi)^2}. \qquad (25.4')$$

Die vollständige Lösung der Differentialgleichung (25.1) entsteht durch Addition von (24.6) und (25.2) [mit (25.3)]. Nun kommt es aber in der Technik oft vor, daß man sich nur für den „eingeschwungenen Zustand" interessiert, d. h. — da x_h mit $e^{-\delta t}$ abklingt — *nur* für x_p. Dann ist (25.2) schon die vollständige Lösung des Problems, und die Fig. 25/2 gibt alle Auskünfte über Amplitude und Phasenwinkel der Schwingung. Wir weisen aber besonders darauf hin, daß die Kurven $V(\eta)$ und $\varepsilon(\eta)$ „punktweise" zu verstehen sind: sie gelten nur, wenn man dem Schwinger — für ein festes Ω — Zeit gelassen hat sich einzuschwingen. (Ändert man Ω, z. B. indem man eine Maschine hochfährt, so entstehen für jedes Ω Einschwingvorgänge, die noch nicht abgeklungen sind, wenn Ω schon weiter wandert.)

Wir haben bisher noch nicht festgelegt, wie die Erregung $p(t)$ in Fig. 25/1 realisiert werden soll. Sie kann z. B. dadurch entstehen, daß der Federfußpunkt (nicht der Dämpferfußpunkt) bewegt wird: $u(t) = U \sin \Omega t$. Dann ist $c(x - u)$ die Federkraft und die Differentialgleichung lautet

$$m\ddot{x} + r\dot{x} + cx = cU \sin \Omega t. \qquad (25.5)$$

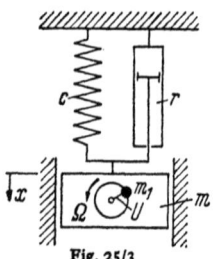

Fig. 25/3

In diesem Falle wird (25.4) zu $X = V U$; die Vergrößerungsfunktion $V(\eta, D)$ ist das Verhältnis der beiden Ausschlagamplituden.

Eine andere Erregung ist die Unwuchterregung (Fig. 25/3): Auf der Hauptmasse rotiert mit der Winkelgeschwindigkeit Ω eine kleine Masse m_1, die also in der Schwingungsrichtung relativ zu x eine Bewegung $u(t) = U \sin \Omega t$ ausführt, wenn wir mit U den Rotationsradius

§ 25. Ein Freiheitsgrad: Erzwungene Schwingungen

bezeichnen. Ist $p(t)$ die auf die Hauptmasse wirkende Kraft, so ruft die Gegenkraft $-p(t)$ die Absolutbeschleunigung

$$\ddot{z} - \Omega^2 U \sin \Omega t$$

der kleinen Masse m_1 hervor, d. h., die Differentialgleichung für die Bewegung der Hauptmasse lautet

$$m \ddot{x} + r \dot{x} + c x = m_1 (\Omega^2 U \sin \Omega t - \ddot{x}). \qquad (25.6)$$

Mit

$$\omega^2 = \frac{c}{m + m_1}, \quad \eta = \frac{\Omega}{\omega},$$

$$2D = \frac{r}{\sqrt{c(m + m_1)}}$$

wird

$$X = \frac{m_1}{m + m_1} (\eta^2 \, V) \, U. \qquad (25.6')$$

Erregte und erregende Amplitude sind also — außer durch den Massenfaktor — durch eine Funktion

$$V^* = \eta^2 V \qquad (25.7)$$

miteinander verbunden. Für diese Funktion brauchen wir kein neues Bild: Man liest sie aus Fig. 25/2 ab, nur daß man dort ξ und η vertauscht; denn für $\eta < 1$ hat V^* die Form (25.4') und für $\xi < 1$ nimmt V^* die Form (25.4) an.

Es gibt noch unzählige Vergrößerungsfunktionen, die, je nach der Art der Erregung und je nach der Frage (will man Ausschläge oder Kräfte wissen), andere und andere Formen annehmen[*].

Wir geben in Fig. 25/4 noch die Vergrößerungsfunktion für eine Fußpunkterregung wieder, die über Feder *und* Dämpfer wirkt. An die Stelle von Gl. (25.5) tritt

$$m \ddot{x} + r \dot{x} + c x = U (c \sin \Omega t + r \Omega \cos \Omega t). \qquad (25.8)$$

Da die beiden Erregerkräfte um 90° phasenverschoben sind, ist die Erregeramplitude (vgl. Fig. 23/3)

$$U \sqrt{c^2 + (r \Omega)^2}.$$

Daraus folgt

$$\frac{X}{U} = V \quad \text{mit} \quad V^2 = \frac{1 + (2D\eta)^2}{(1 - \eta^2)^2 + (2D\eta)^2}. \qquad (25.9)$$

---

[*] Siehe z. B. Hütte, 28. Aufl., Bd. I, S. 580/81 (K. KLOTTER).

Für $\eta < \sqrt{2}$ liegen die Kurven $D \neq 0$ unterhalb der Kurve $D = 0$, für $\eta > \sqrt{2}$ oberhalb. Die Störung wird im Bereich großer η-Werte, also gerade dort, wo man durch kleine Werte $c = \Omega^2 m/\eta$ das Verhältnis X/U klein zu halten sucht, durch die Dämpfung vergrößert. Man sieht, daß es für Schwingungsprobleme keine bequemen Regeln gibt, wie: „Dämpfung ist immer gut".

Übrigens ist (25.9) auch, wie man sich leicht überzeugt, das Amplitudenverhältnis der über die Fußpunkte an die Umgebung abgegebenen Kraft K zu der an der Masse angreifenden Erregerkraft P; wieder also vergrößert die Dämpfung die Störung gerade dort, wo man mit Rücksicht auf die Umgebung „fahren" wird (im Bereich $\Omega \gg \omega$, überkritisch, wie man das nennt).

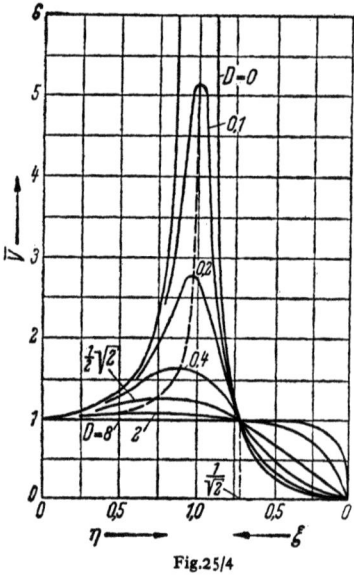

Fig.25/4

§ 26. Zwei Freiheitsgrade: Freie ungedämpfte Schwingungen

An drei Stellen sind wir Schwingern von mehr als einem Freiheitsgrad begegnet: In § 4, wo der Begriff der Trägheitskraft dazu diente, die Schwingungsgleichung für das (als Fig. 26/1 noch einmal skizzierte) Schwingungsgebilde Fig. 4/4 aufzustellen, dann in § 14, wo wir diskutiert haben: die zwei Schwingungsmöglichkeiten der Schaukel Fig. 14/3, und den Torsionsschwinger Fig. 14/5, der ja „zunächst" 2 Bewegungsfreiheitsgrade hat, wenn die Rechnung nachher auch zeigt, daß er nur mit einer Frequenz frei *schwingen* kann.

Es drängt sich die Frage auf, was aus der Formel $\omega = \sqrt{c/m}$ wird, wenn der Schwinger „wirklich" zwei (oder gar mehr) Freiheitsgrade hat.

Bei der Schaukel konnten wir wegen der Symmetrieeigenschaften die beiden Schwingungsmöglichkeiten *getrennt* behandeln, und für jede der beiden Schwingungsmöglichkeiten ergab sich dann eine Formel vom Typus $\omega^2 = g/l$. Genau dasselbe gilt für den Zweimassenschwinger Fig. 26/1, wenn Symmetrie vorliegt, d. h. für $m_1 = m_2 = m$, $a_1 = a_2 = a$. Dann lassen sich die zu den Kräftegruppen „1" Fig. 26/2 gehörigen Durchsenkungen h_I und h_{II} leicht berechnen und man erhält, wie beim Einmassenschwinger, eine Formel vom Typ $\omega = \sqrt{c/m} = 1/\sqrt{h\,m}$.

§ 26. Zwei Freiheitsgrade: Freie ungedämpfte Schwingungen

Aus Fig. 26/2 folgt nach (4.6')

$$h_{\mathrm{I}} = \frac{1}{EI}\left[\frac{(l-a)^2 a^2}{3l} + \frac{a^2(l^2-2a^2)}{6l}\right];$$

$$h_{\mathrm{II}} = \frac{1}{EI}\left[\frac{(l-a)^2 a^2}{3l} - \frac{a^2(l^2-2a^2)}{6l}\right],$$

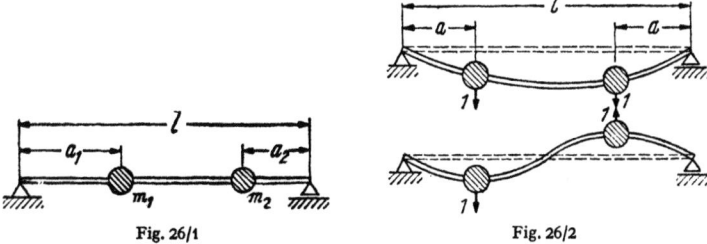

Fig. 26/1 Fig. 26/2

was sich zusammenziehen läßt zu

$$h_{\mathrm{I}} = \frac{a^2(3l-4a)}{6EI}, \quad h_{\mathrm{II}} = \frac{a^2\left(\dfrac{l}{2}-a\right)^2}{3\dfrac{l}{2}EI}. \tag{26.1}$$

h_{I} ist die zu den zwei gleichgerichteten Kräften 1 gehörige Durchbiegung; die zu den zwei D'ALEMBERT-Kräften $-m\ddot{w}$ gehörige ist daher

$$w = -h_{\mathrm{I}} m \ddot{w},$$

woraus folgt. Genau so ist

$$\left.\begin{array}{l}\omega_{\mathrm{I}}^2 = \dfrac{1}{m\,h_{\mathrm{I}}}\\[1ex]\omega_{\mathrm{II}}^2 = \dfrac{1}{m\,h_{\mathrm{II}}}.\end{array}\right\} \tag{26.1'}$$

Kennzeichnend für den Schwinger Fig. 26/1 ist, daß er *zwei* Eigenfrequenzen aufweist. Für den Sonderfall der Symmetrie lassen sie sich, *da man die Schwingungsformen erraten kann* (Fig. 26/2), unabhängig voneinander berechnen. Allgemein geht das nicht. Wenn $m_1 \neq m_2$ oder $a_1 \neq a_2$ ist, muß man ausgehen von dem Gleichungspaar (4.7), das wir noch einmal anschreiben:

$$\left.\begin{array}{l}w_1 + m_1 h_{11} \ddot{w}_1 + m_2 h_{12} \ddot{w}_2 = 0,\\ m_1 h_{21} \ddot{w}_1 + m_2 h_{22} \ddot{w}_2 + w_2 = 0\end{array}\right\} (h_{12} = h_{21}). \tag{26.2}$$

Diese beiden Differentialgleichungen haben, wie man ohne Rechnung erkennt, Lösungen von der Form $\sin\omega t$ oder $\cos\omega t$. Setzen wir an

$$w_1 = \bar{w}_1 \cos\omega t, \quad w_2 = \bar{w}_2 \cos\omega t$$

(mit *demselben*, zunächst noch unbekannten ω!), so hebt sich der Faktor $\cos\omega t$ heraus und es bleiben die Amplitudengleichungen

$$\left.\begin{array}{r}(1 - \omega^2 m_1 h_{11})\,\bar{w}_1 - \omega^2 m_2 h_{12}\,\bar{w}_2 = 0,\\ -\omega^2 m_1 h_{21}\,\bar{w}_1 + (1 - \omega^2 m_2 h_{22})\,\bar{w}_2 = 0.\end{array}\right\} \quad (26.2')$$

Nun kommt der entscheidende Gedanke: Diese beiden Gleichungen sind linear und homogen, haben daher nur dann eine von der „trivialen" Aussage $\bar{w}_1 = \bar{w}_2 = 0$ (keine Schwingung) verschiedene Lösung, wenn die Determinante des Gleichungssystems verschwindet:

$$\begin{vmatrix} 1 - \omega^2 m_1 h_{11} & -\omega^2 m_2 h_{12} \\ -\omega^2 m_1 h_{21} & 1 - \omega^2 m_2 h_{22} \end{vmatrix} = 0. \qquad (26.3)$$

Man erhält also für ω^2 eine Gleichung zweiten Grades*

$$(1 - \omega^2 m_1 h_{11})(1 - \omega^2 m_2 h_{22}) - \omega^4 m_1 m_2 h_{12}^2 = 0 \qquad (26.3')$$

mit Koeffizienten m_i und h_{ij}; d. h. ω^2 bestimmt sich, genau wie beim Einmassenschwinger, nur aus den Eigenschaften (Massen und Steifigkeiten — oder Nachgiebigkeiten —) des Schwingungsgebildes. Wir werden sehen, daß die Gl. (26.3') stets zwei reelle und positive Wurzeln ω_I^2 und ω_{II}^2 hat. Diese beiden Wurzeln nennt man die *Eigenwerte* des Gleichungssystems (26.2'), die Größen ω_I, ω_{II} selbst die Eigenfrequenzen. Nur für $\omega = \omega_I$, $\omega = \omega_{II}$ hat das Gleichungssystem (26.2) Lösungen $\neq 0$, nur für diese beiden Eigenfrequenzen gibt es daher freie Schwingungen („Eigen"-Schwingungen).

Die vollständige, zur Befriedigung der Anfangsbedingungen (2 Ausschläge, 2 Geschwindigkeiten) ausreichende Lösung lautet

$$w_1 = A_I \cos\omega_I t + B_I \sin\omega_I t + A_{II}\cos\omega_{II} t + B_{II}\sin\omega_{II} t, \qquad (26.4\text{a})$$

wobei (wie beim Einmassenschwinger) die Vorfaktoren $A_I \cdots B_{II}$ die Integrationskonstanten sind. Zu (26.4a) tritt ein entsprechender Ausdruck in w_2. Der enthält aber keine *neuen* Konstanten, denn aus den Gln. (26.2') folgt, daß die Amplituden $\bar{w}_1$ und $\bar{w}_2$ nicht unabhängig voneinander sind; vielmehr ist

$$\left.\begin{array}{l}\left(\dfrac{\bar{w}_2}{\bar{w}_1}\right)_I \equiv \varkappa_I = \dfrac{1 - \omega_I^2 m_1 h_{11}}{\omega_I^2 m_2 h_{12}} = \dfrac{\omega_I^2 m_1 h_{21}}{1 - \omega_I^2 m_2 h_{22}},\\[2mm] \left(\dfrac{\bar{w}_2}{\bar{w}_1}\right)_{II} \equiv \varkappa_{II} = \dfrac{1 - \omega_{II}^2 m_1 h_{11}}{\omega_{II}^2 m_2 h_{12}} = \dfrac{\omega_{II}^2 m_1 h_{21}}{1 - \omega_{II}^2 m_2 h_{22}},\end{array}\right\} \quad (26.5)$$

so daß also zu Gl. (26.4a) als zweiter Lösungsanteil

$$w_2 = \varkappa_I A_I \cos\omega_I t + \varkappa_I B_I \sin\omega_I t + \varkappa_{II} A_{II} \cos\omega_{II} t + \varkappa_{II} B_{II} \sin\omega_{II} t \qquad (26.4\text{b})$$

---

* n-ten Grades bei n Freiheitsgraden.

§ 26. Zwei Freiheitsgrade: Freie ungedämpfte Schwingungen

tritt. Mit Hilfe der 4 Integrationskonstanten $A_I \ldots B_{II}$ lassen sich genau 4 Anfangsbedingungen erfüllen.

Im Symmetriefall ist es, wie die Fig. 26/2 anschaulich macht, leicht, durch geeignete Kombination der Anfangsbedingungen nur *eine* der beiden Eigenschwingungen zu erzeugen. Für $\dot{w}_1(0) = \dot{w}_2(0) = 0$ würde z. B. $w_2(0) = w_1(0)$ die Schwingung I, und nur diese erzeugen: Das Gebilde schwingt dann mit einer sich ständig ähnlich bleibenden „Form", gekennzeichnet im Falle I durch das Amplitudenverhältnis $\varkappa_I = 1$ (im Falle II durch das Amplitudenverhältnis $\varkappa_{II} = -1$). Die Frage drängt sich auf, ob es solche „Hauptschwingungen" (mit festen $\varkappa_I$, $\varkappa_{II}$) auch im unsymmetrischen Falle gibt. Die Antwort lautet: Ja, denn natürlich kann man durch geeignete Wahl der $w_1(0)$, $w_2(0)$, $\dot{w}_1(0)$, $\dot{w}_2(0)$ erreichen, daß A_I, B_I oder A_{II}, B_{II} verschwinden. Beschränken wir uns (unwesentlicherweise) auf die Ausschlagsanregung, d. h. auf

$$\dot{w}_1 = \dot{w}_2 = 0 \qquad w_1(0) = A_I + A_{II} \neq 0$$
$$B_I = B_{II} = 0 \quad \text{und} \quad w_2(0) = \varkappa_I A_I + \varkappa_{II} A_{II} \neq 0,$$

so wäre für $A_{II} = 0$ z. B. zu fordern

$$\frac{w_2(0)}{w_1(0)} = \varkappa_I = \frac{\omega_I^2 m_1 h_{21}}{1 - \omega_I^2 m_2 h_{22}}. \tag{26.5'}$$

$\varkappa_I$ (und $\varkappa_{II}$) ist jederzeit bestimmbar, wenn ω_I (und ω_{II}) bekannt ist. Da für $w_2(0)/w_1(0) = \varkappa_I$ (im Sonderfall der Symmetrie war $\varkappa_I$ zufällig $= 1$) die zweite Hauptschwingung gar nicht angeregt wird, behält der Schwinger ständig die „Form" $\varkappa_I$ bei; Hauptschwingungen sind also Schwingungen, die sich ständig ähnlich bleiben*. Bei einer willkürlichen Anregung entsteht ein Gemisch aus den beiden Hauptschwingungen, und wenn ω_I und ω_{II} nicht in einem sehr einfachen Zahlenverhältnis stehen, beobachtet man einen verwirrenden, gar nicht periodisch aussehenden Schwingungsvorgang.

Die Eigenfrequenzen haben indessen nicht nur für die Analyse der freien Schwingungen eine so besondere Bedeutung. Fast noch wichtiger ist, daß (was wir hier allerdings nicht beweisen wollen) eine mit ω_I oder ω_{II} übereinstimmende *Erregung* Ω — und nur eine solche — *Resonanz* hervorruft, d. h. zu ständig wachsenden Amplituden Anlaß gibt. Ganz gleich, ob man (z. B. in einem elektrischen Schwingungskreis) diese Resonanz wünscht, oder ob man (der Normalfall im Maschinenbau) Resonanz vermeiden muß: die Bestimmung der Eigenfrequenzen ist eine der Hauptaufgaben der Schwingungslehre.

Wir müssen daher die Gl. (26.3') noch kurz diskutieren. Die Lösung der quadratischen Gleichung (in ω^2)

$$\omega^4 m_1 m_2 (h_{11} h_{22} - h_{12}^2) - \omega^2 (m_1 h_{11} + m_2 h_{22}) + 1 = 0$$

---

* Das gilt auch für beliebig viele Freiheitsgrade.

lautet

$$\frac{1}{\omega_{\text{I,II}}^2} = \frac{m_1 h_{11} + m_2 h_{22}}{2} \pm \sqrt{\left(\frac{m_1 h_{11} + m_2 h_{22}}{2}\right)^2 - m_1 m_2 (h_{11} h_{22} - h_{12}^2)},$$
(26.6a)

wofür man auch schreiben kann

$$\frac{1}{\omega_{\text{I,II}}^2} = \frac{m_1 h_{11} + m_2 h_{22}}{2} \pm \sqrt{\left(\frac{m_1 h_{11} - m_2 h_{22}}{2}\right)^2 + m_1 m_2 h_{12}^2}. \quad (26.6\,\text{b})$$

Die Gl. (26.6b) zeigt, daß $1/\omega_{\text{I,II}}^2$ reell, die Gl. (26.6a), daß $1/\omega_{\text{I,II}}^2$ positiv ist [für $h_{11} h_{22} - h_{12}^2 > 0$, aber diese Bedingung ist, wie man in der Elastostatik zeigt, immer erfüllt].

Die Lösung (26.6a) hängt ab von 2 Parametern

$$\alpha = \frac{m_1 h_{11} + m_2 h_{22}}{2} \quad \text{und} \quad \beta^2 = m_1 m_2 (h_{11} h_{22} - h_{12}^2); \quad (26.7)$$

es ist

$$\frac{1}{\omega_{\text{I,II}}^2} = \alpha \pm \sqrt{\alpha^2 - \beta^2} \quad \text{oder} \quad \omega_{\text{I,II}}^2 = \frac{1}{\beta^2}\left(\alpha \mp \sqrt{\alpha^2 - \beta^2}\right)$$

(ω_{I} die kleinere Wurzel). Wählen wir

$$\frac{\alpha}{\beta^2} = \frac{m_1 h_{11} + m_2 h_{22}}{2 m_1 m_2 (h_{11} h_{22} - h_{12}^2)} \equiv \omega_0^2$$

als Bezugsgröße, so geht (26.6a) über in

$$\left(\frac{\omega}{\omega_0}\right)_{\text{I,II}} = 1 \mp \sqrt{1 - \xi^2} \quad \text{mit} \quad \xi^2 = \frac{\beta^2}{\alpha^2} = \frac{4 m_1 m_2 (h_{11} h_{22} - h_{12}^2)}{(m_1 h_{11} + m_2 h_{22})^2} < 1,$$
(26.7′)

womit eine übersichtliche dimensionslose Darstellung gewonnen ist.

Wir rechnen noch die Parameter α und β aus für den Fall der Symmetrie, um unser altes Ergebnis zu bestätigen. Es ist

$$\alpha = m h_{11}, \quad \beta^2 = m^2 (h_{11}^2 - h_{12}^2) = m^2 (h_{11} + h_{12})(h_{11} - h_{12}),$$

$$\sqrt{\alpha^2 - \beta^2} = m h_{12},$$

und nach (26.7) daher

$$\omega_{\text{I,II}}^2 = \frac{1}{m} \frac{h_{11} \mp h_{12}}{(h_{11} + h_{12})(h_{11} - h_{12})} = \frac{1}{m\, h_{\text{I,II}}}. \quad (26.7'')$$

Das stimmt mit (26.1) überein, wobei h_{I} und h_{II} wieder gegeben sind durch (26.1).

§ 26. Zwei Freiheitsgrade: Freie ungedämpfte Schwingungen

Zusammengefaßt: Die Eigenfrequenzen eines Schwingers mit mehreren Freiheitsgraden bestimmen sich aus einer Formel vom Typ (26.1'), wobei aber die Bestimmung der Zahlenfaktoren im allgemeinen Fall einige Mühe macht; jedenfalls ist $h_{\mathrm{I, II}}$ nicht einfach h_{11} oder h_{22}.

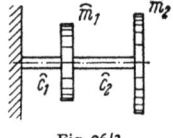

Fig. 26/3

Als zweites Beispiel — das nun *seinem Wesen nach* unsymmetrisch ist — behandeln wir den Torsionsschwinger Fig. 26/3. Hier können wir die Schwingungsgleichungen bequem auf zweierlei Weise gewinnen. Die D'ALEMBERTschen Gleichungen haben genau die Form (26.2), worin

$$w_1, w_2 \text{ durch } \varphi_1, \varphi_2,$$

h_{11} durch $\widehat{h}_1$, h_{12} durch $\widehat{h}_2$, h_{22} durch $\widehat{h}_1 + \widehat{h}_2$

zu ersetzen ist; die Amplitudengleichungen lauten daher

$$\left.\begin{array}{l}(1 - \omega^2\,\widehat{m}_1\,\widehat{h}_1)\,\bar{\varphi}_1 - \omega^2\,\widehat{m}_2\,\widehat{h}_2\,\bar{\varphi}_2 = 0, \\ -\omega^2\,\widehat{m}_1\,\widehat{h}_1\,\bar{\varphi}_1 + \left(1 - \omega^2\,\widehat{m}_2(\widehat{h}_1 + \widehat{h}_2)\right)\bar{\varphi}_2 = 0.\end{array}\right\} \quad (26.8)$$

Genau so einfach werden bei dieser „Schwingerkette" die Gleichungen, wenn wir für jede der Scheiben den Momentensatz anschreiben

$$\widehat{m}_1\,\ddot{\varphi}_1 = -\hat{c}_1\,\varphi_1 + \hat{c}_2(\varphi_2 - \varphi_1),$$
$$\widehat{m}_2\,\ddot{\varphi}_2 = \hat{c}_2(\varphi_1 - \varphi_2).$$

Das führt zu den Amplitudengleichungen

$$\left.\begin{array}{l}(\hat{c}_1 + \hat{c}_2 - \widehat{m}_1\,\omega^2)\,\bar{\varphi}_1 - \hat{c}_2\,\bar{\varphi}_2 = 0, \\ \hat{c}_2\,\bar{\varphi}_1 + (\hat{c}_2 - \widehat{m}_2\,\omega^2)\,\bar{\varphi}_2 = 0.\end{array}\right\} \quad (26.8')$$

Die Frequenzengleichung ergibt sich aus der Bedingung „Determinante $= 0$":

bzw. $$\left.\begin{array}{l}\omega^4\,\widehat{m}_1\,\widehat{m}_2\,\widehat{h}_1\,\widehat{h}_2 - \omega^2[(\widehat{m}_1 + \widehat{m}_2)\,\widehat{h}_1 + \widehat{m}_2\,\widehat{h}_2] + 1 = 0, \\ \omega^4\,\widehat{m}_1\,\widehat{m}_2 - \omega^2[(\widehat{m}_1 + \widehat{m}_2)\,\hat{c}_2 + \widehat{m}_2\,\hat{c}_1] + \hat{c}_1\,\hat{c}_2 = 0,\end{array}\right\} \quad (26.9)$$

was wegen $\widehat{h}_1 = 1/\hat{c}_1$, $\widehat{h}_2 = 1/\hat{c}_2$, wie es sein muß, übereinstimmt. Beide Gleichungen kann man, je nach der Bezugsgröße, die man wählt (z. B. $\omega_0^2 = \hat{c}_1/\widehat{m}_1$), in mannigfacher Weise umformen, und so schließlich zu einem mit (26.7') vergleichbaren Ergebnis gelangen. Wir beschränken uns hier darauf, unser altes Ergebnis (14.7*) zu bestätigen. Im Sonderfall des nicht „gefesselten" Schwingers $\hat{c}_1 = 0$, $\hat{c}_2 = \hat{c}$ wird aus der zweiten Gl. (26.9)

$$\omega^4\,\widehat{m}_1\,\widehat{m}_2 - \omega^2\,\hat{c}\,(\widehat{m}_1 + \widehat{m}_2) = 0$$

mit den beiden Wurzeln

$$\omega_{\mathrm{I}}^2 = 0, \quad \omega_{\mathrm{II}}^2 = \hat{c}\left(\frac{1}{\widetilde{m}_1} + \frac{1}{\widetilde{m}_2}\right). \tag{26.9'}$$

Eine der Wurzeln ist Null, da nur *eine* Rückstellkraft vorhanden ist, die andere stimmt überein mit der des „Schwingers von einem Freiheitsgrad" Fig. 14/5.

Aufgaben zu Anhang II

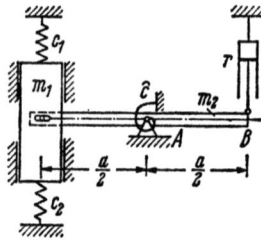

1. Eine starre Masse m_1 wird von zwei Federn (Federsteifigkeit $c_1 = c_2 = c$) gehalten. In ihrer Mitte ist sie mit einem dünnen starren Stab (Masse m_2, Drehmasse $\widetilde{m}_2$) gelenkig verbunden, der bei A drehbar gelagert, dort durch eine Drehfeder (Drehfedersteifigkeit $\hat{c}$) gehalten und in B mit einem Dämpfer (Dämpfungskonstante r) verbunden ist. Wie groß ist ω'?

Lösung:

$$\omega' = \sqrt{\frac{\hat{c} + 2c\left(\frac{a}{2}\right)^2}{\widetilde{m}_2 + m_1\left(\frac{a}{2}\right)^2} - \left(\frac{r\left(\frac{a}{2}\right)^2}{2\left[\widetilde{m}_2 + m_1\left(\frac{a}{2}\right)^2\right]}\right)^2}.$$

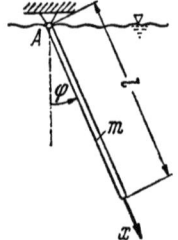

2. Ein Stab (Masse m, Länge l) schwingt um A in einer zähen Flüssigkeit, deren Widerstand proportional der örtlichen Geschwindigkeit $v(x)$ ist; $(dW = k\,v(x)\,dx)$.
a) Welches ist die Differentialgleichung der freien Schwingungen des Systems (kleine Ausschläge φ, Auftrieb vernachlässigbar)?
b) Welcher Wert k_{krit} des Widerstands-Proportionalitäts-Faktors k trennt Schwingungs- von Kriechbewegungen?
c) Nach welcher Zeit t_1 ist für ein bestimmtes $k < k_{\mathrm{krit}}$ ein Anfangsmaximalausschlag φ_0 auf φ_0/e abgeklungen?

Lösung:

a) $\ddot{\varphi} + \dfrac{k\,l}{m}\,\dot{\varphi} + \dfrac{3}{2}\,\dfrac{g}{l}\,\varphi = 0;$

b) $k_{kr} = \dfrac{m}{l}\sqrt{\dfrac{6g}{l}};$

c) $t_1 = \dfrac{2m}{k\,l}.$

3. An einer schwingenden Masse $m = 60$ kp sec²/m wird nebenstehendes Schwingungsdiagramm aufgenommen. Wie groß sind in der Schwingungsdifferentialgleichung: $m\ddot{x} + r\dot{x} + cx = 0$ die Dämpfungskonstante r und die Federkonstante c?

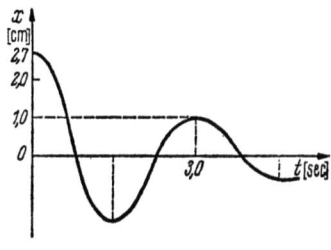

Lösung:

$$r = \frac{2m}{T'} \ln \frac{A^i}{A^{i+1}} = 40 \text{ kp sec/m},$$

$$c = m\left(\frac{4\pi^2}{T'^2} + \frac{r^2}{4m^2}\right) = 270 \text{ kp/m}.$$

4. Eine homogene Kreisscheibe (Masse M, Radius r) ist um A drehbar gelagert und trägt zwei starre Arme EB und FD (Längen r, Massen m). Bei B und D sind zwei Schraubenfedern (Federkonstanten c) und bei A ist eine Spiralfeder (Drehfederkonstante $\hat{c}$) angeschlossen.

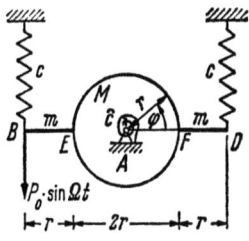

a) Man ermittle die Eigenkreisfrequenz ω des Systems für *kleine* Ausschlagwinkel φ, wenn die Massen der Federn vernachlässigbar sind.

b) Wie lautet $\varphi = \varphi(t)$, wenn in B eine zeitlich veränderliche Kraft $P(t) = P_0 \sin\Omega t$ in vertikaler Richtung wirkt (φ bleibe dabei wiederum *klein*)?

Lösung:

a) $\omega = \sqrt{\dfrac{\hat{c}_{ges}}{\overline{m}_{ges}}} = \sqrt{\dfrac{\hat{c} + 8c\,r^2}{\dfrac{1}{2}Mr^2 + \dfrac{14}{3}m\,r^2}};$

b) $\varphi(t) = \dfrac{2P_0\,r}{\hat{c}_{ges}} \dfrac{1}{1 - \dfrac{\Omega^2}{\omega^2}} \sin\Omega t.$

5. Ein Druckmeßgerät für den veränderlichen Überdruck $p(t) = p_0 \sin\Omega t$ besteht aus einem Kolben ① (Masse m_1, Fläche F), einer Stange ② (Masse m_2), einem dünnen Zeiger ③ (Masse m_3) und einer Feder ④ (Federsteifigkeit c).

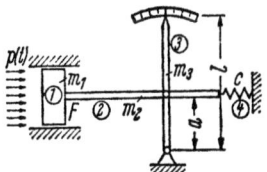

a) Wie groß ist die Eigenfrequenz ω des Systems für kleine Ausschläge?

b) Im stationären Zustand zeichnet das Zeigerende eine Funktion $q(t) = Q \sin\Omega t$ auf. Wie groß ist Q?

Lösung:

a) $\omega = \sqrt{\dfrac{c}{m_1 + m_2 + \dfrac{1}{3} m_3 \dfrac{l^2}{a^2}}}$;

b) $Q = \dfrac{p_0 F}{c} \dfrac{l}{a} \dfrac{1}{1-\eta^2}$ mit $\eta = \dfrac{\Omega}{\omega}$.

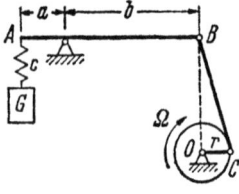

6. Am Ende A eines Schwinghebels AB ist über eine Feder c ein Gewicht G befestigt. Das Ende B wird durch eine mit konstanter Winkelgeschwindigkeit Ω umlaufende Kurbel $\overline{OC} = r$ auf und ab bewegt.

Welcher Bereich der Winkelgeschwindigkeit Ω muß vermieden werden, wenn die Federkraft nicht über das β-fache des Gewichts ansteigen soll?

Lösung:

$$\Omega \leqq \sqrt{\dfrac{c}{m}} \sqrt{1 - \dfrac{a\,r\,c}{G\,b\,(\beta - 1)}}.$$

7. Die durch Windstöße verursachten (kleinen) Schwingungen eines Kirchturmes (Schwingungsdauer $T = 4$ sec) versetzen ein im Turm aufgehängtes Punktpendel (Länge $l = 1$ m) in Schwingungen. A sei die Amplitude relativ zum Turm ($A = 5$ cm); wie groß ist die Amplitude B der Kirchturmschwingung?

Lösung:

$$B = A\left(\left(\dfrac{T}{2\pi}\right)^2 \dfrac{g}{l} - 1\right) = 15 \text{ cm}.$$

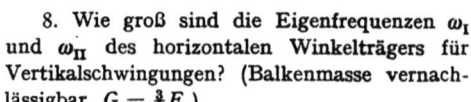

8. Wie groß sind die Eigenfrequenzen ω_I und ω_II des horizontalen Winkelträgers für Vertikalschwingungen? (Balkenmasse vernachlässigbar, $G = \tfrac{3}{8} E$.)

Lösung:

$\omega_\mathrm{I}^2 = 0{,}0875 \,\dfrac{a^4 E}{l^3 m}$, $\omega_\mathrm{II}^2 = 0{,}544 \,\dfrac{a^4 E}{l^3 m}$.

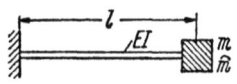

9. Wie groß sind die Eigenfrequenzen ω_I und ω_II des Kragträgers (Balkenmasse vernachlässigbar) unter Berücksichtigung der Drehmasse $\widehat{m} = i^2 m$?

Wie vereinfacht sich das Ergebnis für $i \ll l$?

Lösung:

$$\omega_{\text{I, II}}^2 = \frac{3EI}{l^3 m} \times$$

$$\times \frac{1}{\frac{1}{2} + \frac{3}{2}\left(\frac{i}{l}\right)^2 \pm \frac{1}{2}\sqrt{1 + 3\left(\frac{i}{l}\right)^2 + 9\left(\frac{i}{l}\right)^4}}$$

$$i \ll l \begin{cases} \omega_{\text{I}} = \frac{3EI}{l^3 m} \dfrac{1}{1 + \dfrac{9}{4}\left(\dfrac{i}{l}\right)^2} \\ \omega_{\text{II}} = \dfrac{3EI}{l^3 m} \dfrac{4}{3}\left(\dfrac{l}{i}\right)^2 \end{cases}.$$

10. In dem Mittelpunkt einer Scheibe (Radius r, Masse m_1, Drehmasse $\widehat{m}_1$) ist ein Punktpendel aufgehängt (Länge l, Masse m_2).

Wie groß sind die Eigenfrequenzen ω_{I}, ω_{II} des Systems, wenn die Scheibe auf der ebenen Unterlage *rollt*?

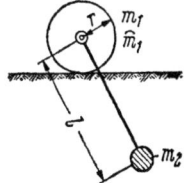

Lösung:

$$\omega_{\text{I}} = 0, \quad \omega_{\text{II}} = \sqrt{\frac{g}{l}}\sqrt{1 + \frac{m_2}{m_1 + \dfrac{\widehat{m}_1}{r^2}}}.$$

Sachverzeichnis

Amplitude 17f., 132ff., 141ff.
Anfangsbedingungen 4ff.
Arbeit 27f., 59, 86, 131f.
— -ssatz 22f., 27ff., 111, 130ff.
ATWOODsche Fallmaschine 14f.
Auswuchten 87ff.

Bahn-beschleunigung 41ff.
— -geschwindigkeit 41ff.
ballistische Hauptgleichung 53
— -s Pendel 85, 114f.
Beschleunigung 4ff., 10ff., 41ff., 64ff., 73ff., 98ff.
—, Absolut- 11, 64ff.
—, CORIOLIS- 49, 67ff.
—, Dreh- 41ff., 74
—, Führungs- 48, 64ff., 98
—, Normal- 42ff., 55
—, Radial- 47
—, Relativ- 48f., 64ff., 98
—, Tangential- 42ff.
—, Winkel- 41ff.
—, Zentripetal- 67
—, Zirkular- 48, 67f.
Bewegungs-gleichung 11, 16, 27, 115
— -größe 10
Biegeschwingung 23, 32
BOLTZMANNsches Axiom 128

CORIOLIS 67
— -Beschleunigung 49, 67ff.
— -Kraft 69f.
COULOMBsche Reibung 13, 104f.

D'ALEMBERTsche Trägheitskraft 21ff., 55, 83, 111f.
Dämpfung 139ff.
— -smaß 141
Deviationsmoment 88

Drall 75, 84f., 129
— -satz 75, 84f.
Dreh-beschleunigung 41ff., 74
— -federsteifigkeit 80
— -geschwindigkeit 41ff., 75, 101
— -impuls 75f., 84f., 114f., 129
— -impulssatz 75, 84f.
— -kraft 74, 102
— -masse 74, 88, 103
— -schwingung 78ff.
— -trägheit 74

Eigen-frequenz 20, 54, 78ff., 148ff.
— -wert 148
Energie, -satz 26ff., 31f., 59f., 85f., 113f., 130f.
—, Dreh- 76, 85f.
—, Rotations- 113
— -verlust bei Stoß 31, 118
Erregerfrequenz 143
Erregung, harmonische 142ff.

Feder 16, 31f., 134ff.
—, Biege- 19
—, Dreh- 80ff.
—, Schrauben- 136ff.
Flächensatz 58
Flüssigkeitsreibung 139
Formänderungsenergie 28, 31, 131f.
freier Fall 9, 65, 69f.
Freiheitsgrad 2, 59, 79ff., 132ff.
Frequenz 17, 20
—, Eigen- 20, 54, 78ff., 148ff.
—, Kreis- 17, 20, 132

Geschwindigkeit 2ff., 41ff., 73, 101
—, Absolut- 48, 64ff.
—, Dreh- 41ff., 75, 101
—, Führungs- 48, 64ff., 98

Sachverzeichnis

Geschwindigkeit, Radial- 47
—, Relativ- 48, 64ff., 98
—, Winkel- 41ff.
—, Zirkular- 47, 66
— -splan 43ff., 51
— -spol 100f.
gleitender Stab 98ff., 107ff.

Haftung 57, 78, 104ff., 120
Hauptschwingungen 149
HERTZ 133
Hodograph 45f.
HOOKEsches Gesetz 10

Impuls 10, 24ff., 57f., 113ff.
—, Dreh- 75f., 84f., 129
— -moment 53f., 57f., 114, 117, 130
— -satz 24ff., 57f., 113ff.
Inertialsystem 11, 64

(2.) KEPLERsches Gesetz 48, 58
Kilogramm, Kilopond 11f.
kinetische Energie 27ff., 59, 86, 113f., 130f.
Kippmasse 88
Körperpendel 78ff., 109f., 114f.
Kraft 10ff., 21
—, CORIOLIS- 69f.
—, Dreh- 74, 102
—, Haftungs- 57, 78, 104ff.
—, Trägheits- 21ff., 55f., 83, 111f.
—, Zentral- 48, 59
—, Zentrifugal- 55ff., 90f.
Kräftesatz 10ff., 21ff., 49ff., 76, 102f., 127ff.
Kreis-bewegung 41ff.
— -frequenz 17, 132

Leistung 32f., 86f.
lex secunda 10
logarithmisches Dekrement 141

Masse 10ff.
—, Dreh- 74, 88, 103
—, Feder- 31f.
—, reduzierte 84, 104
Maßsystem, physikalisches 11f.
—, technisches 11f.
Momentanzentrum 100ff.

Momentensatz 53ff., 73ff., 102ff., 128f.
— der Statik 14, 22
NEWTONsches Grundgesetz 10ff., 21, 49ff., 65f., 73f., 102f., 127ff.
Normalbeschleunigung 42ff., 55, 73

Orts-plan 43f.
— -vektor 43f.
Ostabweichung 70

Pendel 20, 54, 65, 78ff., 85, 109f., 114f.
—, ballistisches 85, 114f.
—, konisches 56
—, Körper- 78ff., 109f., 114f.
—, Punkt- 54
—, Reversions- 79
Pendellänge 20
—, reduzierte 79, 106, 111, 115, 138
Periode 132
Phasenwinkel 17, 133, 143f.
Polarkoordinaten 47f.
potentielle Energie 28ff., 60, 114
Prinzip der virtuellen Verrückungen 22f., 83f., 111, 130f.
PRONYscher Zaum 76
PS 33
Punkt-Masse 2ff., 102, 127ff.
— -Pendel 54

Radial-beschleunigung 48
— -geschwindigkeit 47
Reibung 13, 27, 76ff., 105, 119, 139
— -skoeffizient 14
— -swinkel 14, 77
Relativ-beschleunigung 48f., 64ff., 98
— -geschwindigkeit 48, 64ff., 98
Resonanz 149
Reversions-pendel 79
— -punkt 115
Rollbedingung 104ff.

Schaukel 79f., 146
schiefe Ebene 12f.
Schraubenfeder 136ff.
Schubkurbel 99, 100f.
Schwerpunkt 102f., 113, 127ff.
— -ssatz 103, 127

Sachverzeichnis

Schwinger auf dem Karussell 69
Schwingungs-dauer 132, 141
— -form 147 ff.
— -gleichung 16 ff., 23, 69, 80 ff., 140 ff.
— -mittelpunkt 115
Steifigkeit, Dehn- 19
—, Feder- 16, 18 ff., 80 ff., 134 ff.
Steighöhe 9, 50
STEINERscher Satz 74, 79, 112
Stoß 24 ff., 29 ff., 57 f., 84, 114 ff.

Tangentialbeschleunigung 42 ff.
Torsionsschwinger 80 ff.
Trägheits-arm 74
— -drehkraft 83, 111 f.
— -kraft 11, 21 ff., 55, 83, 111 f.
— -moment 74
— -radius 74
— -tensor 91 f., 130
Translation des Bezugssystems 64 ff.

Unwucht 89
— -erregung 144 f.

Vektor, freier 101
—, gebundener 101
—, linienflüchtiger 101
Vergrößerungsfunktion 143 ff.
virtuelle Verrückung 22 f., 83 f., 111, 130 f.

Watt 33
Winkel, Phasen- 17, 133, 143 f.
—, Reibungs- 14, 77
— -beschleunigung 41 ff.
— -geschwindigkeit 41 ff.
Wirkungsgrad 33
Wurfbewegung 9, 49

Zeigerdiagramm 134
Zentral-bewegung 48, 58 f.
— -kraft 48, 59
Zentrifugal-kraft 55 ff., 90
— -moment 88
Zentripetalbeschleunigung 67
Zirkular-beschleunigung 48, 67 f.
— -geschwindigkeit 47, 66
Zykloide 45

MIX
Papier aus verantwortungsvollen Quellen
Paper from responsible sources
FSC® C105338

If you have any concerns about our products,
you can contact us on
ProductSafety@springernature.com

In case Publisher is established outside the EU,
the EU authorized representative is:
**Springer Nature Customer Service Center GmbH
Europaplatz 3, 69115 Heidelberg, Germany**

Printed by Libri Plureos GmbH
in Hamburg, Germany